U0260978

鸡的肉品检验检疫
指导图谱

Broiler Meat Inspection

[英] 安东尼奥·拉勒·莫雷诺　著
（Antonio Lara Moreno）

潘雪男　王晶晶　主译

中国农业出版社
北　京

献给我亲爱的亚历山德拉（Alexandra）
和我的孩子路易斯（Luis）和洛拉（Lola）！

译者名单

主　译　潘雪男　王晶晶

副主译　李　红　何晓芳

译　者（按姓氏笔划排序）

王晓亮　王晶晶　付亚楠　李　红

何　闪　何晓芳　侯浩宾　姚俊峰

贾良梁　钱　坤　唐彩琰　潘雪男

致　谢

  如果没有许多朋友的支持和帮助，这本图谱是不可能完成的。我真诚地向所有为确保本图谱顺利完成而奉献了时间、付出精力和知识的肉类检查员和兽医表示感谢。

  我同样感谢屠宰场的所有工作人员，没有他们的协助，这项工作不会成功。

  最后，我要向我的家人和朋友表示敬意，感谢他们的鼓励和支持。

安东尼奥·拉勒·莫雷诺（Antonio Lara Moreno）

安东尼奥·拉勒·莫雷诺（Antonio Lara Moreno）于1998年获得西班牙科尔多瓦大学和法国迈松阿尔福兽医学院（巴黎）的兽医学学位。

安东尼奥·拉勒·莫雷诺是动物生产和食品卫生方面的专家，自1999年以来在英国的卫生检查领域获得了广泛的专业经验，尤其是在肉类行业。其主要职责是核查欧盟关于动物健康和公共卫生立法的执行情况，特别是有关动物福利以及对供人类食用的家禽宰前的检查和宰后的检疫方面。

2001年，安东尼奥·拉勒·莫雷诺整合了英国南安普顿兽医口岸检查小组，负责从第三国进口的动物产品的卫生监督。

2004年至2013年间，安东尼奥·拉勒·莫雷诺专门负责屠宰场屠宰过程中家禽的健康、卫生检查。

前　言

　　本图谱是本人作为家禽屠宰场兽医检查员，多年来研究、实践经验的结晶，可作为兽医专业的学生、肉类或肉品检查员、农场主和任何与家禽业有直接接触的人的参考书。

　　本图谱选用的图片，都是在日常工作中拍摄的，展示了在屠宰场进行肉类检查时能够发现的最常见的肉鸡健康、卫生问题案例。

　　本图谱非常实用，指导性强，易于阅读和理解，还是每一位从事肉鸡肉品检疫工作并在某种程度上参与其他品种家禽肉类检查工作的人员的一个极好的工具。

目　录

第 1 章

家禽检查概述

对家禽胴体的检查/检疫涵盖了一系列广泛的操作措施，旨在确保不允许任何不适合人类食用的肉类或肉品进入食物链。兽医或检查员在执行职责时，请参阅现行有效的法律法规。

1.1 食品经营者的责任

食品经营者的首要责任是，确保家禽屠宰加工的各个阶段都能生产出安全卫生的产品。相关法律或条例概括论述了食品经营者的一些责任，这其中也明确包括宰后检疫。这些职责包括：

- 按照规范的商业惯例屠宰家禽。
- 用卫生的方法准备宰后检查的胴体。
- 以特定方式呈交胴体及各种组织器官以供检验。

食品经营者必须在安全卫生的条件下准备用于检查的家禽胴体，并必须采取卫生措施防止胴体和组织器官受到污染。例如，在屠宰过程中，食品经营者必须使用卫生的加工程序去除屠体上的羽毛和爪，打开体腔，去除内脏，并将屠体吊上挂钩。

食品经营者还必须保证用特定的方式呈交屠体供检验。例如，每个屠体必须开膛，暴露内脏器官和体腔，以便于检查员进行合理的检查。还必须以指定的方式将屠体吊挂在生产线上，并确保相互间有合适的间隔。组织器官必须按指定的顺序展示，以便检查员在进行检查前不必花时间对它们进行定位。正确的展示有助于保证检查员能够进行一致且精确的检查。食品经营者将采用各不相同的方式呈交用于检查的屠体和组织器官。兽医和检查员将能在委派检查的食品经营者处了解呈交的具体细节。正确呈交供宰后检查的屠体应包括均匀一致地拔毛、去爪、胴体开膛、内脏摘除和吊上挂钩。

食品经营者还负责提供符合监管要求的合适的检查室。根据工厂的规模和屠宰加工量，对检查室的要求可能会有所不同。例如，大型家禽屠宰加工厂可能会为胴体以及被挽救和再加工的胴体建立专用的检验室。然而，如果检查员被分配到一个规模非常小的屠宰加工厂，所有法定要求的检查可以在一个地方进行。这些要求也因食品经营者所使用的检查系统的类型而异。

1.2 宰前检查

宰前检查应在屠宰当天进行，在将待宰的家禽从运输车上卸下之前或之后，观察家禽的情况。在进行宰前检查时，兽医或检查员应注意以下事项：

- 家禽的总体状况，特别注意头、眼睛和爪的情况。
- 宰前检查必须确定是否有任何迹象表明动物福利受到了损害。
- 官方兽医负责确定是否有任何可能会对人类或动物健康产生不利影响的情况，特别要注意检查人兽共患病以及当地A类动物疫病名单和世界动物卫生组织B类名单的疾病。

> 在进行宰前检查时，应注意的疾病症状可能包括头和眼睛的肿胀、肉垂水肿、打喷嚏、粪便的颜色异常或腹泻、皮肤损伤和骨骼或关节肿大。

1.3 宰后检疫

胴体及随附的内脏在屠宰后须立即进行宰后检疫。

在对生产线上的家禽进行现场检疫时，所使用的方法一般为感官检查，旨在检测疾病、异常情况和污染。其中包括：

- **目视**：观察病变（炎症或肿瘤等）。
- **触摸**：触诊（以感觉异常肿块或异常硬化病灶为例）。
- **嗅闻**：闻到腐烂、感染或毒物的气味。

为了检测疾病和污染，需要将注意力集中在可能会发现疾病病变和污染的部位。

疾病、异常情况和污染可能会发生在胴体或其组织器官的任何地方。疾病、异常情况和污染的迹象包括大小、位置、颜色、形状、气味或黏稠度的变化，或这些因素的组合。某些疾病和异常情况会在禽体特定位置产生可见或可触及的病变。请记住，正常的家禽屠体会因年龄、品种、性别、营养状况、管理水平和屠宰方法的不同而异。肉质的坚硬以及组织的颜色和光泽取决于肉鸡的年龄。幼龄肉鸡的肉体和器官颜色通常更鲜亮；随着年龄的增长，它们的颜色趋于变暗。正常的、商业屠宰的家禽，其冠和肉垂的颜色可能为鲜红色或淡红色，甚至呈淡黄色。

兽医或检查员在进行宰后检疫时，应注意以下事项：

（1）**观察关节**是否有炎症、渗出或肿胀的迹象，如果有，可能预示着肉鸡发生了滑膜炎或关节炎。

（2）**观察胴体体腔内**是否有炎症或渗出的迹象，如果有，可能表明肉鸡发生了细菌或病毒感染，存在异常组织或肿瘤等。

（3）**检查脏器**，以查看内脏器官大小或颜色是否异常，有无全身充血和炎症反应或感染的迹象。

（4）**胴体外部检查**可发现皮肤损伤、胴体消瘦和颜色异常。此外，还有流血不畅的屠体、浸烫过度的胴体、体表已煮熟及鸡爪发生病变（如足部皮炎或跗关节灼伤）的胴体。

（5）检查员会根据现行有关法律法规以及与食品经营者的协议，**将任何不适合人类食用的胴体或组织器官归入**相应的副产品类别。

（6）检查员必须确保严格遵守**宰后检疫记录和报告检查结果的法律规定**，并确保向食品经营者通报异常情况或大批禽均出现的相同病征。

宰后检疫的目的是判断家禽胴体是否健康。宰后检疫将产生下列结果之一：

• 如果检疫后未在胴体上发现任何局部症状或病变，确定为健康，则适合人类食用。如果确实存在局部症状，将由检查员的助手或修整师对该胴体进行修割。被修割掉的部分不可供人类食用，应报废。胴体的其余部分，如按检查时的情形判断为健康或无疾病，在修割掉受影响的部位后，可继续供人类食用。胴体可在隔离间进行回收或再处理。

• 如果检查员不能做出最后的决定，应扣留胴体以备进一步检查。在完成最终的检查之前，必须保留这些胴体。兽医再检查所有这样的胴体，并做出最终决定，确认胴体是通过检查、进行修整或报废。

• 如果胴体上的全身症状表明该胴体不健康或患有疾病，则整只屠体报废。

（何闪 译，李红、潘雪男 校）

第2章

动物福利

2.1 定义

动物福利涵盖非常广泛的范围，旨在避免在生产或饲养的过程中动物遭受不必要的痛苦，确保它们的生产处于可控的状态，并可以维持在一个舒适和人性化的水平。

在动物生产中，当涉及动物福利时，应始终参考现行的法律法规。与动物福利相关的法律法规，因修订、废除和根据其他相关要求的修改，时常会发生变化。

在生产过程中，肉鸡应得到相应的照顾，以使它们的福利需求能够与相关的动物福利法规保持一致。

欧盟立法规定了肉鸡的最低福利要求，以便在进行鸡肉生产时能让它们得到相应的保护。本章将介绍养殖场中与家禽的福利有关的最低要求。

除其他相关社会团体制订的有关规定外，还应遵循以下要求：

（1）应尽量以能够减少水溢出的方式安装和维护饮水器。

（2）必须定时向肉鸡提供足量的饲料，且屠宰前的禁食时间不得超过12 h。

（3）应提供给肉鸡干燥、松软的垫料，供其健康生长。

（4）鸡舍应通风良好，避免鸡舍内热量蓄积，必要时温控、通风系统应具有除湿功能，以降低鸡舍内湿度。

（5）应将噪声降至最低水平。以尽可能减少噪声的方式，设计、安装、运行和维护换气风扇、进料系统或其他设备。

（6）在光照期间，鸡舍内应不低于20lux的光照强度，确保鸡舍中不低于80%的可用面积有光照。必要时，可根据兽医的建议暂时降低光照强度。

（7）自肉用雏鸡入舍起的7 d内和预期屠宰前的3 d内，鸡舍的光照必须按24 h节律执行，包括总共至少6 h的黑暗，其中至少有一个不短于4 h的不间断黑暗期，并且不包括调暗光照水平的时间。

（8）每天至少应对所饲养的肉鸡检查2次，应特别关注预示动物福利和/或动物健康水平降低的征兆。

（9）对严重受伤或健康有明显问题的肉鸡，例如行走困难、严重的腹水或畸形，并可能正遭受痛苦的煎熬，应采取正确的治疗手段或立即扑杀。如有必要，建议联系兽医。

（10）自彻底清群起至新一批肉用雏鸡入舍前，需要对鸡舍中肉鸡接触过的地方、设备或器具等进行彻底的清洗和消毒。鸡群淘汰后，必须清除垫料，更换新的垫料。

（11）农场主或管理者应该保存每栋鸡舍的以下各项记录：

- 入舍肉用雏鸡的数量。
- 可使用区域。
- 所饲养肉鸡的杂交配套系或品种（如果已知）。
- 按每一个生产阶段，记录死亡肉鸡的数量和原因（如果已知），以及淘汰肉鸡的数量和原因。
- 减去出售或屠宰的肉鸡数后，鸡群中剩余鸡的数量。

（12）禁止出于治疗或诊断以外的目的实施外科干预（如断喙等），否则会伤害肉鸡，或导致肉鸡丧失感觉器官或改变骨骼结构。然而，当其他任何措施都无法防止啄羽和同类相残的发生时，欧盟成员国可能会允许养鸡生产者对肉鸡进行断喙。在这种情况下，仅应在经过咨询并征得兽医的允许后进行，并且应由经过培训的专业人员对小于10日龄的肉鸡进行断喙。此外，欧盟成员国允许养鸡生产者对雄性肉鸡进行阉割。阉割只能由经过专业培训的技术员在兽医的监督下进行。

鸡舍每平方米的饲养密度及其他可能影响动物福利的相关要求，请参阅相关法律，以获取更多详细信息。

2.2 起源

动物福利的五大自由

英国农场动物福利委员会（The Farm Animal Welfare Council，FAWC）是一个政府咨询机构，其已规定了动物福利的五大自由。这些规定指出，在任何时候，我们都有责任确保动物拥有以下自由：

- **免于饥饿和口渴的自由**。动物必须能够获得可确保其健康和活动的食物和饮水。

· **免于不舒适的自由**。养殖场必须向动物提供适宜的生活环境，包括隐蔽、舒适的休息区。

· **免于痛苦、伤害和疾病的自由**。养殖场必须向动物提供能够预防疫病发生的措施，或提供快速的诊断和治疗措施。

· **表达天性的自由**。养殖场应给动物提供足够的活动空间、合适的设施设备以及同类伙伴。

· **免于恐惧和应激的自由**。养殖场必须为动物提供可避免精神痛苦的各种条件和待遇。

由于在农场生产、前往屠宰场的运输或屠宰加工过程中，动物可能会受到多种不利因素的影响，导致动物福利受到侵犯。兽医和检查员都应设法确定并记录引发此类侵犯的原因，以便将来可以避免（图2-1）。本章将主要关注在屠宰加工过程中可能会引起潜在动物福利问题的因素。

农场中引发动物福利问题的最常见原因如下：

· 管理不善。

· 垫料的质量差或管理不到位。

· 鸡舍每平方米的饲养密度过高。

· 鸡舍通风不良。

· 对鸡舍内环境的温度、湿度和光照间隔以及营养水平的管理不善。

· 因疫苗接种无效而引发细菌性、病毒性和寄生虫性疾病。

图2-1　兽医或检查员应在宰前检查肉鸡的清洁度和总体健康状况，并据此采取相关的动物福利措施

运输途中发生的动物福利问题（图2-2和图2-3）可能是由于：

• 在送往屠宰场的运输过程中，单只鸡笼装载了过多的肉鸡。

• 单个和整套鸡笼或任何其他运输设备的维护不当。

• 从养殖场到达屠宰场的运输距离/运输时间过长。

• 对恶劣气候的防范（**主要是防雨、防热和防寒**）不到位，这取决于所处年度中的时间段。

• 运输过程中车厢通风不良。

屠宰场内引发动物福利问题的最常见原因如下：

• 在以下方面准备不充分：防范环境中的噪声、防范恶劣天气、通风换气、温度控制、单个/整套鸡笼的搬运和设备维护、待宰栏的准备等。

• 从到达屠宰场到进行屠宰的等待时间过长，尤其是在天气炎热和寒冷季节。

• 吊挂点的活禽处理不善。对员工的培训不足，有关人员在吊挂肉鸡时粗心大意以及有暴力行为。

• 挂钩的维护不良。损坏的挂钩在吊挂过程中可能会伤害活禽，还可能会影响肉鸡的致昏、宰杀和沥血的过程。仅吊挂一肢的肉鸡在致昏过程中或许会遭到预先致昏（pre-stun shocks）的风险，此外，它们可能会错过割颈器，导致翅膀被割伤。

• 从吊挂到致昏的间隔时间不恰当。重要的是，注意这一间隔时间在传送链发生故障或传送链运转速度变慢时会发生改变。应始终查阅当前的动物福利法规，以确保能够遵守这方面

图2-2 在宰前检查中发现图中的事故后，应调查原因

图2-3 在极端低温条件下进行运送，应在整套鸡笼的侧面采取保护措施

的要求（根据欧盟法规，肉鸡从吊挂到传送链上到致昏的间隔不应超过2min）。在自动化流水线发生长时间故障时，应将家禽从生产线上取下，并放回运鸡的笼内，以免产生不必要的应激。

• 肉鸡致昏无效。这可能是由于电致昏设备设置不当、维护不善或有故障，或者由于水浴电晕池的高度调整不正确（与肉鸡的个体大小有关）引起的。

• 水浴池预先电致昏。预先电致昏是由于水浴电晕池的设计、水面高度的调节与待宰肉鸡的个体大小之间的不协调引起的。当鸡体的某些部位，尤其是翅膀在肉鸡的头进入电晕池中前接触到带电的水，并产生有效的电致昏时，预先电致昏就会发生。

• 割颈器或宰杀机在运营时无效。维护不当以及自动割颈器的设置不当，可能会导致待宰肉鸡在传送链上移动时错过割颈器而无法被有效宰杀。颈部切割不当会影响胴体的放血速度。

• 屠体出血严重/不足。这可能是由于割颈器发生故障或调整不当导致的，这会提高肉鸡仍处于清醒状态进入浸烫脱毛池的概率。在任何情况下都应避免出现这种情况，因此，给割颈后的肉鸡留出足够的放血时间至关重要，放血时间通常应超过2min。欧盟当前的法规要求肉鸡的最短放血时间为90s。

• 肉鸡在致昏后错过宰杀割颈。当只对肉鸡的头部进行致昏或电流麻醉时，致昏机会向肉鸡的头部输送电流，并破坏大脑的活动，使其失去知觉。当出于某种原因错过了割颈器，并且未放血时，肉鸡在进入浸烫脱毛池前将会恢复意识。这类肉鸡通常被称为"未割颈鸡"，可以在后续的检验中轻松识别（图2-4）。

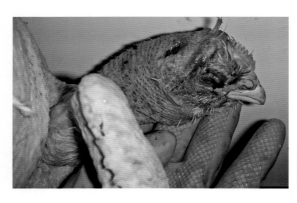

图2-4 未割颈鸡的颈部没有被切开，并且头部充血

·其他致昏的方法包括触电致死和因心脏骤停而致死，尽管这些方法能够产生更好的动物福利，但一些操作人员不愿使用这些方法，声称这些方法会破坏肉鸡的胴体，并会引发严重的出血（血斑和骨折）。

2.3 职责

维护动物福利是兽医和检查员最重要的职责之一。对于任何会损害动物福利的情况都应立即采取相应的纠正措施，以避免动物遭受不必要的痛苦，尤其是屠宰过程中的痛苦。任何可能预示原产地农场存在动物福利问题的征兆，均应上报行业主管部门，以便进行相关的调查。因此，检查员是确保动物福利法规贯彻实施的关键因素。

根据欧盟法规，对参与家禽屠宰管理的人员应根据其职责进行相应的培训。

在宰前检查中，兽医检查员应核实：

（1）在恶劣天气下，肉鸡接收区的布局和设计应可向动物提供充分的保护。这个区域应该足够大，以便能容纳大量的鸡笼，具体取决于屠宰场的生产量。

（2）鸡笼和运输设备的维护不应损害运输过程中或在向生产线转移过程中的肉鸡的完整性。食品经营者应在适当的位置安装监控系统，以监视鸡笼/设备的维护以及在需要时对其进行维修或更换（图2-5）。

图2-5　破损的鸡笼，应及时回收

（3）考虑到天气条件（外部温度）和肉鸡的个体大小，每只鸡笼必须装入数量适宜的肉鸡。其他需要考虑的因素包括屠宰前的等待时间和屠宰场的通风系统。宰前的等待时间应尽可能短，尤其在夏季，以减少因窒息引发的死亡。应防止鸡笼直接受到阳光照射，并且相互之间应保留足够的间距，以确保鸡笼能够获得充足的通风。当室外温度高于15℃时，建议使用风扇对鸡笼通风。根据我们的经验，在肉鸡于屠宰前死亡的病例中，最常发生的是由管理人员对本节中提到的各环节程序执行不当引发的死亡。禽类没有汗腺，无法通过出汗散热，唯一的散热途径是通过呼出空气而散热；另外，禽类身体一般被羽毛覆盖，体温升高几摄氏度就会导致窒息死亡，这并不奇怪。

（4）在宰前检查中，兽医检查员需要证明动物没有残缺及其整体健康状况良好，请特别注意以下事项：

• 呼吸异常。

• 眼部充血的迹象。

• 鸡冠和肉髯变色。

• 眼睛和鼻孔有渗出液。

• 羽毛的状态。

• 肉鸡体表的清洁度和总体健康状况。

• 个体大小不均，尤其要注意矮小和瘦弱的肉鸡。

• 发生皮炎和爪部皮炎。

• 每只鸡笼允许装入的肉鸡数量与鸡的个体大小和外界温度有关（图2-6）。

• 应激症状。

图2-6 肉鸡气喘，炎热夏季容易发生

12

（5）兽医或检查员还应核实，将肉鸡转移到屠宰传送线上的过程不会给它们造成不必要的应激反应，以及运输人员是否接受了专业的培训。在转移到屠宰传送线之前，周围环境的噪声过大也可能是导致肉鸡产生应激反应的因素。随后还要进行相关检查，以确保在致昏期间不会发生预先电致昏。

食品业经营者必须检查所有离开水浴电晕池的肉鸡，以确保它们事实上已被致昏或宰杀。

■ 如果实际上已经被致昏，并且在致昏后处于昏迷状态，肉鸡将会出现以下现象：

• 在离开水浴电池后的 10 ～ 20s 内无有节奏的呼吸。

• 颈部弯成弓形，头部垂直。

• 瞳孔散大。

• 角膜或瞬膜无反应。

• 手捏鸡冠后没有反应。

• 翅膀紧贴身体。

• 腿僵硬地展开（当肉鸡被挂入吊钩中时，这不是一个合理的征兆）。

• 身体持续震颤（移动）。

■ 如果致昏无效，则肉鸡可能会出现以下迹象：

• 恢复有节奏的呼吸。

• 角膜或瞬膜有反应。

• 颈部肌肉紧张。

• 其他自发的肌肉运动。

• 发声。

■ 如果肉鸡受到了有效的电致昏，并且已经死亡，则会出现以下现象：

• 瞳孔反射消失并瞳孔散大。

• 无有节奏的呼吸。

• 对任何刺激均无反应，如角膜或瞬膜无反应，或手捏鸡冠无反应。

• 胴体变软。

• 身体不会出现震颤或移动。

在**宰后检疫**中，兽医或检查员将通过检测任何与动物福利有关的损伤来弥补宰前检查中的不足。官方兽医应评估屠宰后的检疫结果，以识别动物福利欠佳的潜在迹象，例如接触性皮炎、寄生虫感染和全身性疾病的异常程度。如果死亡率或宰后检疫的结果与养殖场的动物福利状况不佳相符，官方兽医应将数据告知肉鸡生产者或饲养者以及行业主管部门。肉鸡生产者或饲养者以及行业主管部门应采取适当的措施。

（姚俊峰 译，付亚楠、贾良梁、潘雪男 校）

第 3 章

先天性畸形

3.1 定义

先天性畸形是肉鸡在发育过程中出现的异常现象，可导致身体的结构和/或功能异常。

> 在常规检查中，大多数畸形都会影响肉鸡的骨骼系统。根据作者的经验，最常见的是四肢和/或肢体的畸形。

不太常见的畸形可能会影响羽毛的结构、数量和颜色。心脏和眼睛也可能会发生畸形，但在宰后检疫时很难识别。胃肠道和泌尿生殖系统的畸形不太常见，但不过这些畸形已被证实确实存在，只是在宰后检疫时意义不大。

一般来说，先天性畸形在肉鸡上不常会发生，但其在家禽业中很有名。

3.2 病因/起源

目前尚不清楚大部分畸形的引发原因，不过，有人认为，在未知原因的先天性畸形中，很大一部分可能受遗传影响。

据报道，家禽会发生脊柱畸形，其中以**脊柱侧弯**最为常见。脊柱侧弯是由多因素造成的畸形，其中首要因素为遗传因素（脊柱分节不全）。

多肢畸形是一种会影响肉鸡肢体的先天缺陷，其中受影响肉鸡拥有多于常规数量的肢体。外部特征表现为，两条正常的肢体，一条或多条未充分发育的多余的肢体（图3-1和

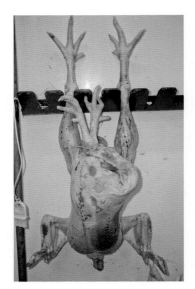

图3-1 多肢畸形。有两条未发育的多余的肢体

图3-2)。这些多余的肢体通常附着在骨盆的尾部，并被大量的肌肉组织包裹（图3-3）。它们似乎是在与骨盆的关节处形成，并且表现出一个特有的不完全一样的股骨和胫骨。根据多项研究发现，四肢的先天性畸形是发生在人类和动物的最常见的先天性畸形。然而，尚不清楚可以调控引发此类畸形的确切机制。这些畸形通常与遗传因素有关，包括转基因技术、染色体异常、环境因素、毒物、繁殖技术以及某些管理因素或多种因素的组合。

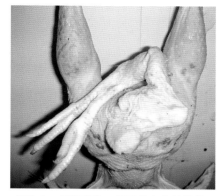
图3-2 多肢畸形。有两条多余的肢体

双趾症也是家禽的一种先天性畸形，表现为发病后肢的爪部长出多余的趾（图3-4）。肉鸡的每条腿通常长着长短不均匀的趾，其中一个短趾向后，三个长趾朝前。发生双趾症时，发病的腿通常缺少正常的后趾，相反在跗关节和前趾之间的不同部位长出2～4个多余的趾。这些趾几乎总是与跗跖骨相连，不过有时这种趾不含任何骨头。

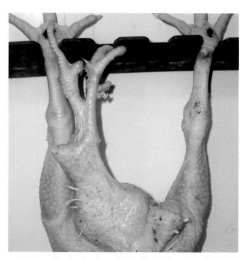
图3-3 多肢畸形。有两条未发育的多余的肢体，附着在骨盆的尾部。胴体需经过人工修整和去除内脏，以避免出现交叉污染和机械性损坏的风险。此类胴体可供人类食用，通常会被送到分割间进行深加工

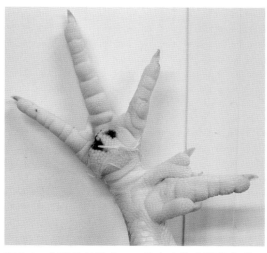
图3-4 典型的双趾症。一些多余的趾附着在跗跖骨上。通常正常的后趾缺少

3.3 职责

在绝大多数情况下，修割掉胴体上畸形的组织或器官就足够，胴体的其余部分可供人类食用。

某些畸形的组织或器官可能会导致肉鸡内脏发育不良或移位，也可能会引发污染以及机械损坏，这可能会导致整个胴体都不可食用。

先天性畸形有时会导致肉鸡死亡，并且还可能会降低有缺陷肉鸡的效益和市场价值。然而，有多余异位肢体的肉鸡是否能够成功存活和进行正常的活动，取决于缺陷的严重程度。

在胴体检疫时，大多数存在先天性畸形的肉鸡都具有明显良好的状况，无其他可见的异常症状。它们通常能够生长到屠宰体重，且无其他任何问题。

建议上报此类病例，因为这将使相关部门增加对此类缺陷分布状况的了解。这也将有助于人们找出环境中的有害物，最终建立因果关系。

先天性畸形病例示意

A 爪的第一、第二和第三趾上未发育的趾骨

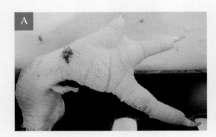

B 腕骨、掌骨以及翅膀的三根指骨未发育

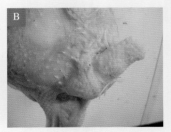

C 罕见的多余的趾，附着在两肢胫跗骨的皮肤上

D 一肢所有趾骨均发育不完全

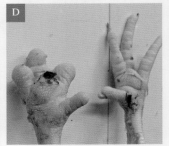

E 有两个尾骨的胴体，这种畸形极为罕见
F 多肢畸形和罕见的两个泄殖腔
G 无尾骨或尾骨未发育
H 回肠闭塞导致的肠道异常。肉鸡的胴体通常较小，但其余肉品是健康的。消化道的这种异常很少见，在去除内脏的过程中，意味着存在巨大污染的风险。当胴体全身状态良好时，胴体无须报废，可以供人类食用。但如本图所示消化功能受到严重破坏，胴体消瘦，此类胴体应报废。在整只肉鸡的宰前检查中未发现异常，导致在去除内脏过程中发生机械性损伤和污染，因此此类胴体应丢弃

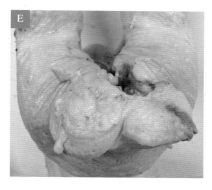

I 龙骨畸形。这种畸形比较常见，且不会影响胴体的卫生安全，通常也不影响去除内脏的过程。胴体可供人类食用

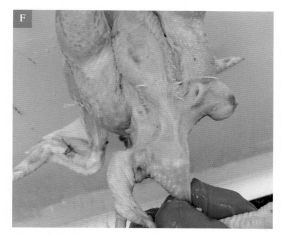

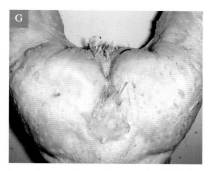

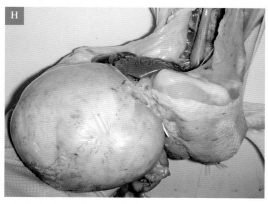

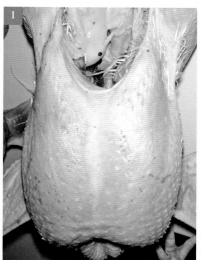

（姚俊峰 译，付亚楠、贾良梁、潘雪男 校）

19

第4章

关节炎、腱鞘炎和
其他关节病变

4.1 定义

肉鸡的**关节炎**通常发生在腿部关节，一般为胫跖（tibio-metatarsal）关节或跗关节（图4-1）。

滑液由形成滑膜的滑膜细胞产生，而滑膜被形成纤维囊的纤维组织覆盖。关节发炎会增加关节内压力，导致关节软骨畸形和退化。如果感染累及肌肉和肌腱，则可能分别会引发**肌炎**和**腱鞘炎**。当这种炎症仅涉及皮下组织时，称为**脂膜炎**。

在活鸡上，**急性关节炎**的特征是炎症灶肿胀，温度升高，发红。触诊质软。

与急性关节炎相比，**慢性关节炎**触诊时质硬，温度较低，炎症灶肿胀程度小于急性关节炎。

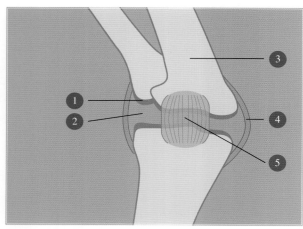

①关节软骨
②充满滑液的关节腔
③骨骼
④纤维囊
⑤韧带

图4-1　关节

4.2 病因

造成肉鸡发生关节炎和腱鞘炎的病因非常多，关节炎通常分为创伤性关节炎、感染性关节炎和中毒性关节炎。

创伤性关节炎是关节受到损伤后引发的炎症反应，并导致继发感染。与在宰后检疫中发现的大多数病变一样，在调查病因时鸡场的动物福利问题，如管理不善、饲养密度过高、通风不良或垫料质量差等都可能会引发上述问题。这些因素中的任何一个都可能会对创伤性关节炎产生不利影响。

感染性关节炎是由细菌、病毒或二者混合感染后引起的。导致肉鸡发生感染性关节炎的最常见的病毒性因素是呼肠孤病毒、冠状病毒和小核糖核酸病毒，最常见的细菌性因素包括大肠杆菌、金黄色葡萄球菌、链球菌、支原体、沙门氏菌和巴氏杆菌。除了由支原体感染引起的浆液纤维蛋白性关节炎外，其他病原体感染通常会引发化脓性关节炎。引发感染性关节炎的最常见的原发性**病原体**是支原体和呼肠孤病毒。

中毒性关节炎主要与尿毒症（或高尿酸血症）有关，而尿毒症通常是由病毒性感染或日粮蛋白质含量不足导致的肾炎引起的。

由遗传或营养因素引起的**其他腿部问题**总结如下：

•**胫骨软骨发育不良**：胫骨软骨未发育成熟，无法骨化，生长板容易发生骨折、感染和骨骼发育畸形。这种情况与骨骼过度生长导致所需的钙超出了肉鸡在骨骼中沉积钙的能力有关。

•**长骨畸形**：肉鸡的双腿向内或向外弯曲，或扭动时可发生长骨畸形。本病可能与胫跗骨远端快速生长而使其无足够的时间进行正确对齐和重塑有关。

•**滑腱症**：肉鸡在缺乏微量矿物质（锰和锌）、维生素、胆碱、烟酸、叶酸、生物碱和吡哆醇等营养物质时易发本病。症状包括长骨缩短和增厚、胫骨和跖骨弯曲以及跟腱侧滑等。

•**脊椎前移（曲背）**：第三和第四胸椎之间的韧带撕裂或撕脱，导致第四胸椎前端向腹侧脱位。第四胸椎向下旋转，挤压脊索，导致腿部无力和共济失调。发病鸡坐在尾巴上，腿伸，呈瘫痪状。这种情况同样与骨骼的快速生长有关，也与遗传有关。

•**脊椎侧弯**：先天性缺陷，与生长无关。

•**佝偻病**：维生素 D、磷或钙的缺乏导致的骨骼矿化不足。缺乏维生素 D 是引发本病的最常见的病因。饲料混合不当，或在饲料中混入会干扰机体正常新陈代谢的毒物，都可导致动物缺乏维生素 D。佝偻病会导致肉鸡的腿和肋骨发生畸形，羽毛发育和生长速度较差。

4.3 职责

应根据受影响关节的损伤程度来决定是否废弃整只胴体或者胴体的一部分（图4-2），还可以根据胴体的整体状况做出判断。腿部有问题的肉鸡通常表现为消瘦、脱水和败血症，在这种情况下，整只肉鸡必须报废。修整工序（如果适用）需要将包括感染部位在内的直至下一个健康关节前的所有正常部位剔除。

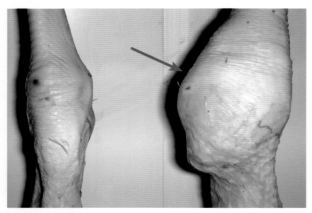

图4-2　仅影响一个关节的局部关节病变

关节炎或腿部问题的高发病率，特别是如果还伴有爪底皮炎、跗关节灼伤和胸部灼伤或机体消瘦等其他症状时，必须通知行业主管部门，以便进一步调查。

> 肉鸡的腿部问题会对动物福利产生巨大的影响。跛行会降低肉鸡的行动能力，导致饥饿和脱水，甚至死亡。
> 腿部问题也可能会提高肉鸡发生跗关节灼伤和胸部灼伤的可能性，这是皮肤长时间直接接触垫料以及被其他鸡抓伤（特别是在惊恐中）所致。

（王晶晶 译，唐彩琰、潘雪男 校）

第 5 章

蜂窝织炎

5.1 定义

蜂窝织炎是指位于皮肤和肌肉之间结缔组织感染后引发的炎症反应，通常发生于泄殖腔的周围（图5-1），以及大腿、下腹部和胸部（图5-2）。蜂窝织炎是一种浆液脓性病变，伴有角化过度引起的皮肤增厚和发黄（图5-3）。

在屠宰检疫时，轻微的蜂窝织炎极难被检测出，要求检查员具有良好的专注力和丰富的经验。许多肉品检查员已经能熟练地发现感染肉鸡皮肤颜色的变化。

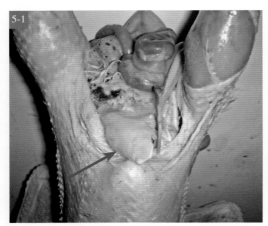
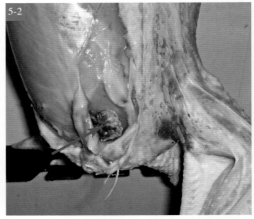
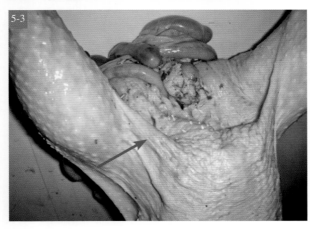

图5-1 泄殖腔周围的干性蜂窝织炎。由于感染漫延到皮下，建议整只胴体销毁

图5-2 胸部的干性蜂窝织炎。可按局部修割病变组织程序处理

图5-3 泄殖腔两侧的干性蜂窝织炎。皮肤变黄，增厚

蜂窝织炎分为两种：一种是较为常见的**干性蜂窝织炎**（图5-4），另一种是常伴发败血症的**脓性蜂窝织炎**。

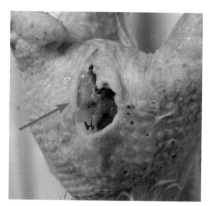

图5-4 干性蜂窝织炎。注意皮肤下面有一片干性脓液；还应注意皮肤增厚和变黄，这应该是怀疑存在蜂窝织炎的第一个迹象

干性蜂窝织炎通常表现为肉鸡发病部位结缔组织发生病变，可见皮下覆盖着一层干酪样脓液，在其下方的肌肉组织上可见点状出血（图5-5和图5-6）。

病变的严重程度和弥漫范围因肉鸡胴体的不同而异。

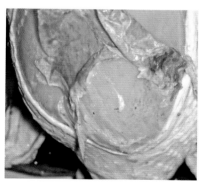

图5-5 干性蜂窝织炎。病变处可见脓液和皮肤炎症，肌肉有出血点。胴体应整只报废

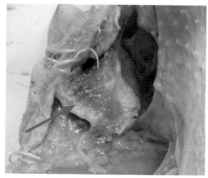

图5-6 干性蜂窝织炎。剖开皮肤，可见脓液由液态发展成干酪样的固态

5.2 病因

根据笔者的经验，蜂窝织炎是由多种因素共同作用后引发的一种病变。病变最初由擦伤引起，继而引发感染，随后形成所见的症状。

现代肉鸡品种因腹部非常丰满，羽毛稀疏，增加了擦伤的概率，这种解剖学特性在引发蜂窝织炎上起到了重要的作用。

鸡场的管理水平总是与鸡群的病理状态息息相关，例如，洁净且管理良好的垫料不仅可以减少肉鸡皮肤擦伤的概率，还可以将细菌的污染水平维持在可接受的低水平。在集约化肉鸡生产中，鸡舍内环境温度的控制对肉鸡羽毛的生长发育起着重要的作用，进而会影响蜂窝织炎的发生。

> 皮下结缔组织的感染程度与细菌对环境的污染水平呈正相关。例如，潮湿的环境有利于细菌的增殖，会提高肉鸡发生蜂窝织炎的发病率。
>
> 正常情况下，大肠杆菌是肉鸡蜂窝织炎的致病因子，并且是最常被分离到的病原体。

显然，鸡舍中肉鸡的饲养密度是引发蜂窝织炎的风险因素之一，因为饲养密度越高，鸡群越神经质，也越容易发生擦伤，从而增加了发生蜂窝织炎的风险。

5.3 职责

检查员应根据蜂窝织炎的弥漫范围和特性，做出肉鸡胴体整只报废或部分销毁的决定（图5-7）。如果是干性蜂窝织炎，在未检出其他病变且胴体的状况总体良好时，可以修割掉局部性病变。如果是脓性蜂窝织炎（图5-8），且病变不限于局部组织（图5-9），最明智的做法是对整只肉鸡胴体进行报废处理。

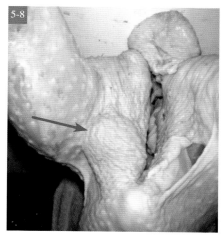

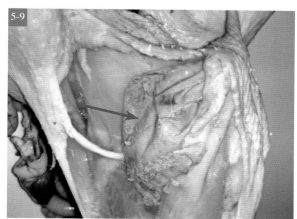

图5-7　干酪样蜂窝织炎。可以考虑修割病灶

图5-8　单侧脓性蜂窝织炎。注意病变处皮肤的颜色变黄和增厚。这种情况常见于年龄较大的肉鸡（45～60日龄）。炎症和表皮过度角化使外观症状更明显，因此更容易检出

图5-9　切开皮肤可见一片干性脓液。由于病变弥漫到整个胸肌，整只胴体应销毁

　　在绝大多数情况下，由于在修割胴体上病变的过程中存在交叉污染的风险（图5-10和图5-11），并鉴于大肠杆菌是蜂窝织炎最常见的致病菌，一般采取整只胴体报废的方式（图5-12）。

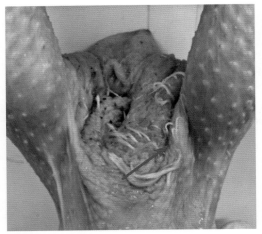

图5-10　在对胴体进行全面检查时，如果皮肤的颜色变黄且增厚，表明可能存在感染

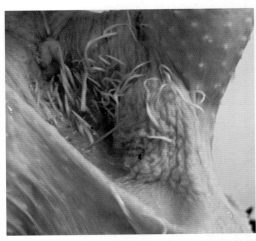

图5-11　在检查整只胴体时，如果很容易发现皮肤有肿块，且触之坚硬，说明有感染

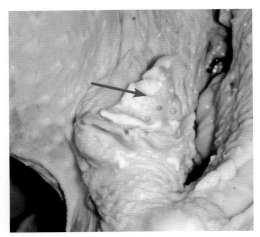

图5-12　剥离病变处的皮肤，可见黄色的干酪样脓液。为防止发生交叉感染（大肠杆菌），整只胴体都应报废

　　肉品检查员应注意，如果所检查批次的肉鸡胴体存在蜂窝织炎高发的情况，尤其是还伴发其他症状，如爪垫皮炎或胸部灼伤，则表明这批肉鸡可能存在动物福利问题。

　　如有必要，应将这些情况上报给当地主管部门，以便对肉鸡饲养场做进一步调查。

（钱坤 译，贾良梁、潘雪男 校）

第6章

皮炎和爪垫皮炎

6.1 定义

本章介绍了肉鸡的几种不同的皮炎，尤其是爪底皮炎、坏疽性皮炎、跗关节灼伤和胸部灼伤。

• **皮炎**是发生在皮肤上的一种炎症反应，可由感染、坏疽、出血和疼痛引起。

• **坏疽性皮炎**的特征是不同部位的皮肤坏死和皮下组织发生严重的蜂窝织炎。

• **爪垫皮炎**（Pododermatitis）或**爪底皮炎**（footpad dermatitis）是指肉鸡的爪底发生病变，可发生在爪部与地面接触的任何部位。在发病早期，爪部表现为皮肤出现轻微的糜烂，或颜色改变。

• **跗关节灼伤**（图6-1）和**胸部灼伤**（图6-2）是鸡场中的肉鸡跗关节和胸部的典型病变。这是由于鸡群粪便和垫料中的氨气积聚使得舍内氨气浓度过高灼伤爪部和胸部的皮肤而造成的。

图6-1 肉鸡的跗关节灼伤，会影响上方关节的活动

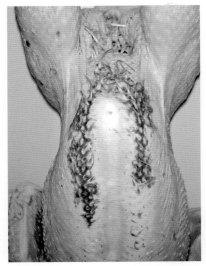

图6-2 胸部灼伤，又称为接触性皮炎，由于疾病或跛足导致肉鸡匍卧时间太长而引起，或由于垫料管理不善而导致

6.2 病因

相比那些饲养过程中使用质量较差垫料的肉鸡，采用高质量垫料饲养的肉鸡往往更健康，进而能够产生更高的经济利益。在大多数情况下，爪垫皮炎、跗关节灼伤和胸部灼伤的发生都是由于鸡群管理不当导致的。通常还会引起葡萄球菌、链球菌、梭状芽孢杆菌和猪丹毒杆菌等致病菌的继发感染。

坏疽性皮炎的特征是皮肤坏死，皮下渗液、出血，有时还会导致皮肤呈熟肉样（图6-3、图6-4、图6-5和图6-6）。

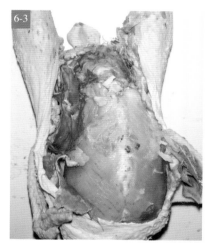

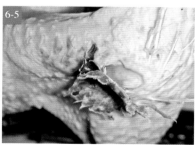

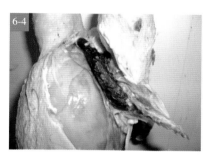

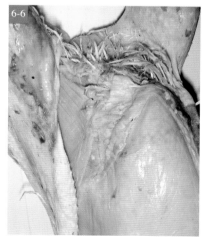

图6-3 发生大面积坏疽性皮炎和严重蜂窝织炎的皮下组织

图6-4 皮下组织出现坏疽性皮炎，胸肌出血，外观呈熟肉样

图6-5 肉鸡翅膀的坏疽性皮炎

图6-6 坏疽性皮炎，胴体皮肤呈熟肉样外观

坏疽性皮炎的起因尚不为人们充分了解，不过有人认为其始于鸡与鸡之间的抓伤或者攻击，从而引起细菌感染所致。败毒梭菌、A型产气荚膜梭菌和金黄色葡萄球菌等致病菌，它们无论是单菌种的感染，还是多菌种的混合感染，都是养鸡生产中最常发生的疫病。

梭状芽孢杆菌属的细菌能形成芽孢，通常存在于土壤中，但也可能会出现在饲料、动物粪便、灰尘和其他地方。此类细菌具有较强的抗逆性，能够在极端恶劣的环境中存活。

传染性疾病，如鸡的传染性法氏囊病或病毒性贫血症，通常会导致肉鸡发生免疫抑制，进而会诱发坏疽性皮炎。饲料中的霉菌毒素也会引发免疫抑制。甚至有研究还发现，坏疽性皮炎与球虫病的流行有关。

坏疽性皮炎正成为影响肉鸡健康的一种重要疾病，导致鸡群出现高死亡率、屠宰性能下降和胴体需进行局部修整（图6-7）。

爪垫皮炎，又称爪底皮炎或爪部灼伤，是一种以肉鸡的爪部发生病变为特征的疾病，病变的大小和深度各不相同。爪垫皮炎是一种接触性皮炎，主要影响鸡爪底部的表皮，常伴有继发性感染。在轻微症状的病例中，病变呈浅表性（图6-8），但当病情加重时（图6-9和图6-10），病变会发展为深陷性溃疡，导致肉鸡疼痛和不适。严重灼伤的肉鸡也可能会因疼痛导致体重下降。

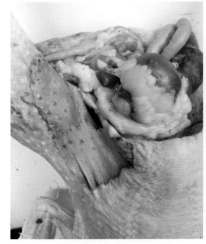

图6-7 皮肤发生坏疽性皮炎，整只胴体报废

图6-8 鸡爪底部轻微病变：轻微爪垫皮炎

图6-9 重度爪垫皮炎，鸡爪底部出现深陷性溃疡

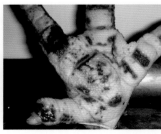

图6-10 爪垫大范围发生皮炎，影响鸡爪底部大部分表皮

　　诱发肉鸡暴发爪垫皮炎的因素有许多，不过最主要的因素是**潮湿的环境和垫料**。鸡舍的内环境越潮湿，越有利于致病细菌和霉菌的增殖。潮湿也是导致氨气从垫料中逸出的主要原因，被认为是影响肉鸡生产性能和饲养环境的最主要因素之一。因此，控制垫料的含水量是避免氨气在鸡舍中泛滥的最关键措施。

　　研究表明，当垫料的含氮量超过5.5%时，肉鸡皮肤的灼伤往往会达到最严重的状态。饲料中蛋白质的品质和含量也会影响垫料的含氮量。在这种情况下，垫料往往还含有高含量的水分。

　　影响垫料质量的因素有很多（图6-11）：

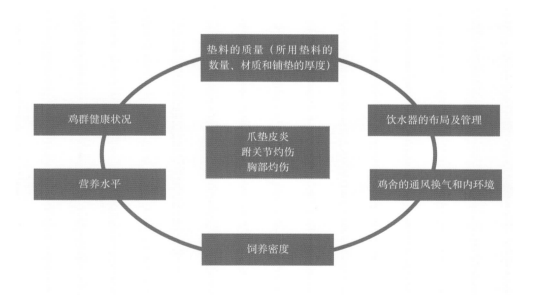

图6-11　影响垫料质量并会引发爪垫皮炎、坏疽性皮炎、跗关节灼伤和胸部灼伤的因素

•垫料的材质和铺设的厚度：质量低下会影响垫料的易碎性和吸湿能力。许多垫料可用于肉鸡的饲养。任何会接触肉鸡的垫料都必须是无毒的，能吸收水分，随后且能将水分释放入大气中。鸡舍铺垫的垫料必须足够厚。

•鸡舍饮水系统的管理：这是影响鸡舍垫料质量最重要的因素之一。饮水器的布局不合理或管理不到位会浪费饮水，并导致垫料过湿。

•鸡舍的通风换气和内环境：在设计肉鸡鸡舍时应考虑三个因素，分别为环境温度、湿度和鸡舍的通风。鸡舍内的湿度受肉鸡的饲养量和个体大小的影响，因而也受肉鸡呼出气体的影响。当鸡舍内的相对湿度达到一个极端水平时，往往会增加垫料的水分含量，从而导致鸡舍内环境更差。当鸡舍的通风换气不足时，舍内的氨气浓度会上升，肉鸡发生皮肤灼伤的风险也将增加。

•营养水平：任何会增加肉鸡饮水量的日粮因素，都可能会提高垫料的含水量。需要特别注意日粮中钠、氯、钾、粗蛋白、氨基酸和额外添加的脂肪的含量。

•鸡群健康：任何会降低肉鸡行动力的疾病或骨骼异常，很可能会影响它们的福利，同样将会增加肉鸡在垫料上匍匐的时间。肠炎和肠道功能紊乱，如吸收不良综合征，会导致肉鸡腹泻，致使粪便含水量升高。同样，鸡传染性法氏囊病也会导致垫料潮湿。

•饲养密度：垫料吸收的大部分水、脂肪和氮都是肉鸡粪便的成分。因此，饲养密度越高，垫料必须吸收的这些成分就越多。随着饲养密度的增加，垫料中水分的蒸发速率下降。因此，当肉鸡的体重接近上市标准时，必须特别注意垫料的质量。

不论从产品的质量，还是从动物福利的角度，爪垫皮炎的发病率和严重程度都是当前肉鸡肉品生产行业特别关注的问题。

6.3 职责

皮炎，尤其是爪垫皮炎，是一个会影响鸡场经济效益的多因素疾病，同时也会影响动物福利，影响肉鸡的行走能力，导致采食量减少，生长速度放慢。在世界各地的肉鸡生产系统福利评估中，爪垫皮炎的发病率一直作为一个客观的评审标准。

一般来说，受皮炎影响的胴体应彻底报废（图6-12）。然而，当病变呈局部性发生，并且其余部分仍保持健康时，可以考虑修割去除胴体上受影响的部分并保留其余部位（图6-13、图6-14和图6-15）。

图6-12 皮炎：皮肤的炎症反应明显。可见毛囊炎和坏疽性皮炎的早期症状，整只胴体和相关内脏报废

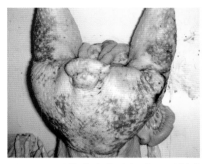

图6-13 胴体表皮色素沉着，无继发性感染，对胴体上受影响部分进行修整即可

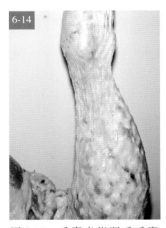

图6-14 毛囊炎指羽毛毛囊发生炎症反应，当该炎症与其他病变如蜂窝织炎、败血症、消瘦或异味无关时，对胴体上受影响部分进行修割即可

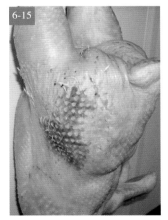

图6-15 结痂性髋部皮炎，以胴体近尾侧背部凸起部位的表皮形成干痂为主要特征。尚不清楚引发该病的病因，目前认为是由于高密度饲养时，肉鸡互相攀爬导致表面创伤性磨损。产气荚膜梭菌和葡萄球菌可能会在创伤的皮肤中定殖，引发感染。当无其他感染或皮下蜂窝织炎时，胴体经修割去除受影响部分后可供人类食用

　　在发生任何形式的皮炎时，需要将严重的病例上报给当地行业主管部门，以便确定是否需要进一步调查。

　　以下两张病例图（图6-16和图6-17）中的肉鸡都发生了严重的爪垫皮炎，特征是鸡爪的底部表皮有严重的坏死性溃疡，表明该肉鸡群长期生活在极度恶劣的环境中，肉鸡福利未得到保障，应立即将该病例上报行业主管部门。

 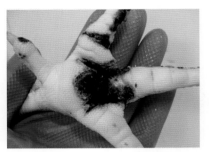

图6-16　爪垫表皮出现广泛性皮炎。注意鸡爪底面大面积的坏死区

图6-17　爪垫深陷性溃疡会给肉鸡造成强烈的疼痛。检查员和兽医应该上报在屠宰场例行检查时发现的此类病例

　　　　记住：跗关节灼伤或胸部灼伤并不都是单纯由于垫料质量差引起的。如果肉鸡存在腿部疾病或其他问题，导致肉鸡长时间蹲卧，无论垫料的质量如何，都会引发这些损伤。

（何晓芳　译，李红、潘雪男　校）

第7章

气囊炎

7.1 定义

禽类借助**气囊**这一独特的解剖结构使空气在肺部流通。气囊是禽呼吸系统"末端"的气球状结构。鸡共有9个气囊：1个颈气囊，此类气囊独此一个，机体其他部位的气囊则成对存在；2个锁骨间气囊，2个腹气囊，2个前胸气囊和2个后胸气囊。此外，家禽的呼吸系统在机体的体温调节上起着重要的作用。由于家禽的胸腔没有横膈膜，因此它们依靠胸骨（龙骨）和胸廓的运动进行呼吸。抓住禽时抓得太紧会限制其肋骨的活动而使禽窒息。

气囊炎是指气囊内壁的一种炎症（图7-1）。根据病变的严重程度，这种炎症的症状从轻度浑浊的浆膜，并伴有少量水样或泡沫状分泌物，到不透明的浆膜，并伴有脓性渗出液（图7-2）。这种损伤可能会波及一个或多个气囊，有时还会伴发腹膜炎和心包炎。

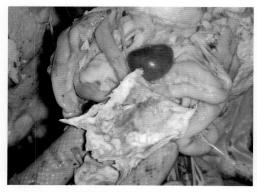 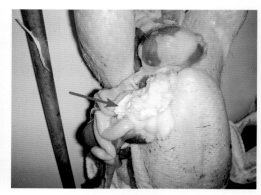

图7-1　气囊浆膜增厚且浑浊　　　　图7-2　化脓性干酪样气囊炎

7.2 病因

肉鸡的解剖结构是引发气囊炎的一个重要因素。机体向气囊供应的血液非常有限，同时气囊本身几乎没有抵抗细菌感染和粉尘沉积的机制。当鸡舍环境不佳且肉鸡张口呼吸时，肉鸡的气囊内将会充满粉尘。

呼吸系统疾病的病因可分为传染性和非传染性两类：

• **非传染性病因**与鸡场的环境有关，尤其与鸡舍的通风换气和垫料质量有关。从这个层面来讲，鸡舍中氨气和粉尘的浓度对于气囊炎的发生发展起着重要的作用。氨气是由鸡粪降解产生的，其在鸡舍内环境中的浓度与其他因素直接相关，例如鸡舍内的温度、通风、换气和垫料的pH。鸡舍的通风不良和满是粉尘的环境是引发肉鸡呼吸系统疾病的最重要因素，因此生活在此类环境中的肉鸡在加工后屠体不合格的比例很高。据认为，吸入被粪便污染的粉尘是继发大肠杆菌性气囊炎的原因。

• **传染性病因**可以分为细菌性、病毒性、支原体性或真菌性病因。

7.3 职责

气囊炎会给肉鸡生产者和屠宰加工者造成经济损失，增加肉鸡的死亡率，提高治疗成本，增加胴体的报废率。屠宰后的检验数据可以作为鸡群健康状况的一个指标，帮助兽医调查导致肉鸡发生气囊炎的原因。

肉品检验的主要职责是发现病变，并就胴体的健康状况做出判断。通常淘汰患有气囊炎的肉鸡胴体及相关内脏（图7-3和图7-4），尤其是伴有肝周炎、心包炎或腹膜炎的胴体（图7-5）。

有些屠宰加工企业可能已经配置了可以修整胴体的加工系统，能够采用安全且卫生的方法修净病变部位。鸡共有9个气囊，分别为不成对的颈气囊以及成对的锁骨间气囊、前胸气囊、后胸气囊和腹气囊。颈气囊和锁骨间气囊与骨骼和前胸深肌相连。对于任何屠宰加工场而言，这种复杂的呼吸系统使修整受影响的胴体成为一项挑战性工作，因此通常由检查员或兽医进行甄别，决定是否报废胴体。在大多数情况下，最为恰当的做法是报废整只胴体（图7-6）。

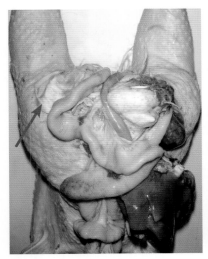

图7-3　影响单个气囊的气囊炎，仅报废内脏即可

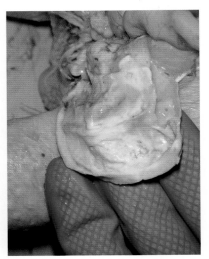

图7-4　影响单个气囊的气囊炎，修净内脏

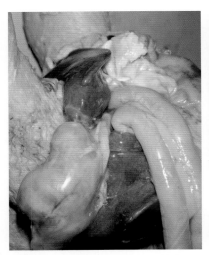

图7-5　肺泡炎和心包炎，伴发肝炎，胴体和内脏全部报废

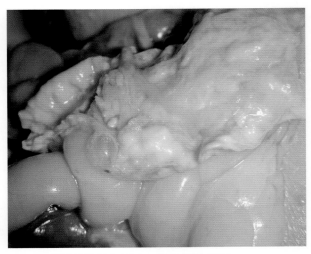

图7-6　慢性化脓性气囊炎，整只胴体报废

图7-7展示了同批52日龄肉鸡发生气囊炎的病例，用棉拭子对肉鸡的气囊采样。所有胴体均因不适合作为食品用而报废。对棉拭子进行培养后发现细菌生长明显，且主要是大肠杆菌。这些细菌可能是导致肉鸡发生气囊炎的原发性病因，也可能是在呼吸系统发生病毒感染（如传染性支气管炎）后的继发性病因。

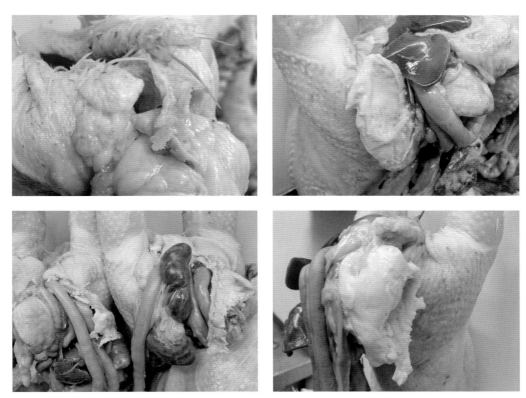

图7-7 脓性干酪样气囊炎

血琼脂和麦康凯培养基上的细菌生长情况表明，大肠杆菌感染了肉鸡的4个不同的气囊。抗菌谱检查结果显示，大肠杆菌对恩诺沙星、阿普霉素和多黏菌素E敏感，对阿莫西林、林可霉素、甲氧苄啶-磺胺嘧啶、泰乐菌素和泰妙菌素具有耐药性。

（贾良梁 译，李红、潘雪男 校）

8.1 定义

心包炎是心包的一种炎症反应，也意味着心脏和心包之间有积液，且当过多的液体积聚在心包腔中时，会导致心包积液（图8-1和图8-2）。

心包炎有不同的表现形式，取决于感染的严重程度和致病因素（图8-3和图8-4）。病变表现为心包混浊，心外膜和心包粘连，心包和/或心外膜的化脓性和纤维蛋白性炎症（图8-5）。

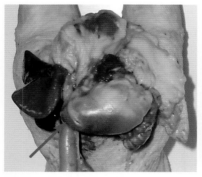

图8-1　心包积液，无其他相关症状。胴体可供人类食用

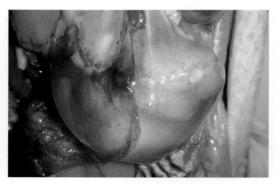

图8-2　心包积液，心包腔内有过多的心包液

图8-3　严重的急性心包炎，整批肉鸡发病

图8-4　心包炎，无其他相关症状，可只修净病变部位

图8-5　浆液纤维蛋白性心包炎，无其他相关病变。内脏不可供人类食用，应报废

8.2 病因

肉鸡发生心包炎并不总是意味着其患有系统性疾病。肉鸡的心包炎可能源于多种不同的病因（图8-6）。

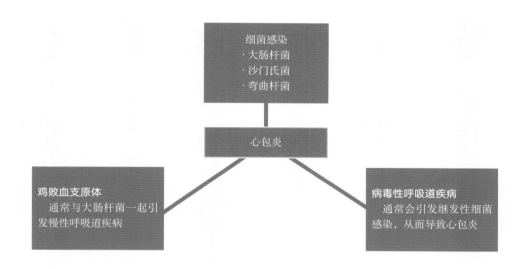

图8-6 导致心包炎的常见致病因素

在引发心包炎的最常见细菌性致病因子中，通常能够分离到**大肠杆菌和沙门氏菌。肠炎沙门氏菌**通常会导致肉鸡发生黏液脓性心包炎。**弯曲杆菌**也可能会诱发心包炎，通常会导致心包与心脏表面粘连。

病毒性感染也可以引发心包炎，不过心包炎通常伴有菌血症或败血症。

心包炎也可能会并发**慢性呼吸道疾病**，后者通常由大肠杆菌和**鸡败血支原体**引起。

心包炎通常不是一个单独的病变，在许多病例中，其与肝周炎（图8-7、图8-8、图8-9、图8-10和8-11）、腹膜炎（图8-12）和气囊炎并发。在对同一批肉鸡进行宰后检疫时，心包炎的高检出率并不少见。

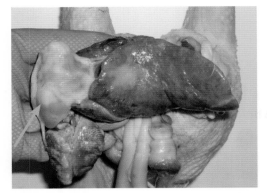

图8-7 严重的急性心包炎，伴有肝炎，胴体和
内脏应全部报废

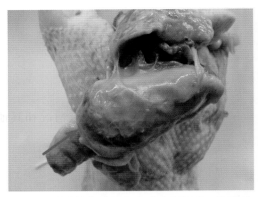

图8-8 严重的化脓性心包炎和肝周炎，胴体和
内脏不适合食用

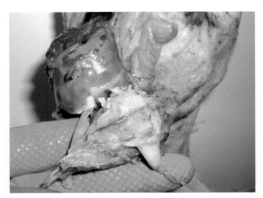

图8-9 急性化脓性心包炎和肝周炎，胴体和内
脏应全部报废

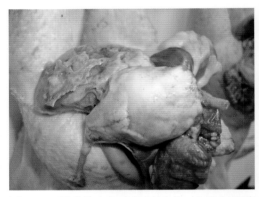

图8-10 严重的心包炎和肝周炎，心脏和肝脏
周围有化脓性组织

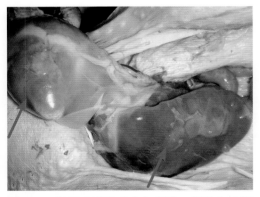

图8-11 肝周炎引发的心包积液，胴体和内脏
不适合食用

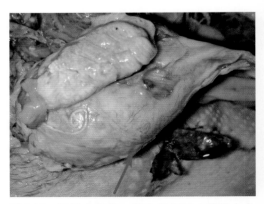

图8-12 慢性心包炎，请注意包围心脏的白色
炎症组织增厚。患有此病的胴体也会受到严重
腹膜炎的影响，胴体和内脏不适合食用

8.3 责任

检查的结果取决于检查员的判断力。如前所述，心包炎的出现并不意味着存在全身性感染，因此，检查员应考虑到胴体的全身情况和其他相关疾病（如果有的话）。对于受影响严重的批次，可能需要降低屠宰加工流水线的速度，以确保能够进行更详细的宰后检查。目前，欧盟法律要求在屠宰前对鸡场进行沙门氏菌检测。检查员在评估胴体的卫生状况时，需要考虑到沙门氏菌检测的结果。自20世纪80年代以来，在人沙门氏菌病病例中，由肠炎沙门氏菌和伤寒沙门氏菌引发的疾病占很大的比例，并且一直是食源性疾病大暴发时最常牵涉的病原体。为保护人类健康，欧盟委员会针对在食品生产链中沙门氏菌的监测和控制发布了（EC）No 2160/2003条例和（EC）No 646/2007条例，旨在确保欧盟成员国采取一致的行动，避免对人类健康具有危害作用的沙门氏菌血清型（肠炎沙门氏菌和鼠伤寒沙门氏菌）进入食品链。

始终参考有关沙门氏菌检测要求的最新立法，因为这可能会影响宰后检查的判断。

（王晶晶 译，潘雪男 校）

第 9 章

胴体消瘦

9.1 定义

消瘦是肉鸡胴体检查中一种比较常见的症状。特点是胴体损失大量的脂肪和肌肉，使其看起来非常瘦。胴体消瘦通常还伴有其他症状，如败血症和脱水（图9-1）。

> 在胴体检查中，正确区分消瘦的肉鸡和体型小但发胖的肉鸡非常重要，后者除非胴体还存在其他症状，否则不应该报废。

消瘦的胴体在个体上小于同群中其他肉鸡，并且表现为肌肉发育不良，特别是胸部肌肉发育不良。胴体消瘦的一个极有代表性的迹象是在胴体上可以明显看见一根可触知的胸骨（图9-2）。

兽医和农场主多年来一直利用消瘦的肉鸡或鸡群的高死亡率两个指标来评估鸡场肉鸡群的健康和福利状况。

9.2 病因

肉鸡的**消瘦**一般是营养不良造成的，在这个过程中，肉鸡的采食受了一定的限制。遗传因素可能会决定某些肉鸡的个体大小，个体小的肉鸡与鸡群中的其他个体大的肉鸡竞争采食机会时处于劣势。导致肉鸡消瘦的其他原因包括瘫痪，例如在发生脊椎前移（曲背）的情况下，会引发消瘦。

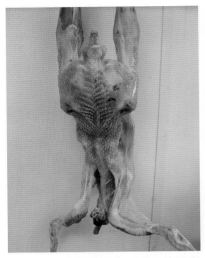

图9-1 消瘦胴体的背面观。这具胴体还表现出脱水和败血症的症状

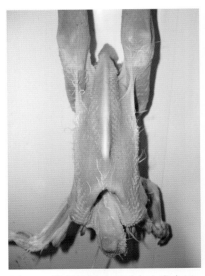

图9-2 消瘦的胴体不适合人类食用。注意可触及的胸骨，表明胸肌发育不良

> 饲养管理不良可能会加剧这一问题，特别是在出现饲养密度过大、通风不良或垫料不足等问题时。

胴体恶病质是一种在外表迹象上类似于胴体消瘦的情况，但其是由细菌性或病毒性感染引起的。

消瘦的胴体和发生恶病质的胴体在宰后检查时无法区分，会被一视同仁地对待，通常会被视为消瘦的胴体。在宰后检查过程中，无法确定造成胴体消瘦的原因时，胴体按不适合人类食用而淘汰报废处理。

9.3 责任

出现消瘦或发生恶病质的肉鸡首先不应运往屠宰场，当肉鸡第一次被发现患有这种症状时，应在养鸡场扑杀。在捕捉过程中，一些具有此类症状的肉鸡不可避免地未能及时被发现，被送达屠宰场，这时就需要考虑某些动物福利问题（图9-3）。首先应考虑的是，个体较小的肉鸡在击昏和放血过程中很有可能会错过击晕器和自动割颈器（如果使用），因此它们有可能

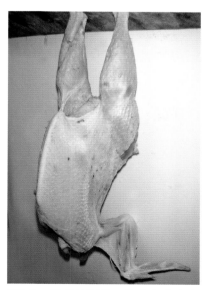

图9-3 消瘦的胴体。胸部肌肉发育不良，胴体应报废

根本没有被击晕和放血。检查员或兽医应始终考虑存在这种可能性，以确保这些肉鸡的福利得到保障。

肉鸡消瘦的高发生率意味着鸡场存在能够引起鸡群发病的病理性因素或管理问题，检查员在怀疑养鸡场可能违反动物福利法规时应考虑到这一点。应上报相关行政主管部门。

重要的是，要将小体型但发胖的肉鸡与消瘦的胴体区分开，后者应被判定为不适合人类食用。无营养不良症状的小体型肉鸡应被视为适合人类消费。

(何闪 译，李红、潘雪男 校)

第 10 章

肝　炎

10.1 定义

　　肝炎指肝脏的感染性或炎症性疾病，通常在进行日常的宰后检疫时可被发现，是造成胴体的部分组织或器官报废的常见原因。肝炎有多种不同的表现形式，但本章只讨论其中最常见的几种形式：

　　•**肝机能障碍或胆管肝炎**（图10-1）：指胆管或肝实质的炎症性或营养不良病变，表现为肝脏肿大，边缘钝圆，表面颜色暗淡，有时掺杂着灰白色或绿色小病灶。

　　•**局灶性肝坏死**：指肝实质多发性局部坏死，以及肝脏应对这种坏死及其致病因子时的炎症反应。

　　•**黄疸**：特征为剖检时肉鸡胴体和相关内脏呈淡黄色。

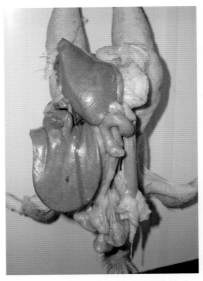

图10-1　胆管肝炎。注意肝脏肿大，表面硬化、光滑、变色。如果胴体经检查后未发现存在其他症状，则适合人类食用。其他受影响的内脏报废

10.2 病因

　　肝机能障碍或胆管肝炎源于肉鸡肠道中的细菌、病毒或毒素向胆管的迁移，由此引发的肝内胆管发炎改变了胆汁的正常流动，使胆汁回流入肝脏实质中。肝脏肿大，呈淡黄色，表面硬化（图10-2）。肝脏的大小和颜色可能差异很大。

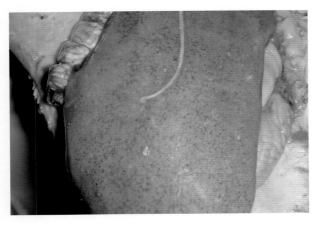

图10-2　肝脏肿大，并伴有胆管肝炎。注意肝实质发炎，呈淡黄色

在某些病例中，肝脏呈粒状特征性外观；而在另一些病例中，肝脏表面会出现多个呈灰白色或绿色的杂色小病灶。在一些病例中，胆囊壁似乎增厚，不透明，并且经常并发胆囊炎，或胆管肿胀充满大量的胆汁。

在组织病理学上，胆管纤维化、增生，胆汁淤积，异嗜性粒细胞和淋巴细胞浸润。

肝炎的发病机理还未被充分了解，不过产气荚膜梭菌是最常见的病原体，肝脏病变的确切发病机理也不清楚。

细菌和毒素很可能会通过肉鸡受损的肠黏膜从肠道进入血液，最终被转运到肝脏。实际上，胆管肝炎与坏死性肠炎经常协同发生，多项研究表明这两者之间存在一定的关联性。产气荚膜梭菌能产生大量的毒素，这些毒素最终会诱发肉鸡肠道组织的坏死。细菌和毒素都可以通过受损的黏膜，从血液被转运到肝脏。另一种可能的情况是，细菌或毒素通过胆汁通路发生上行性感染，最终可能会激发胆管出现炎症反应，从而阻塞胆汁的流动。

局灶性肝坏死（图10-3）通常在宰后检疫时被发现，其特征是肝脏表面和肝实质出现局部坏死。目前已从发病鸡的肝脏中分离出不同种类的菌株，如大肠杆菌、金黄色葡萄球菌、产气荚膜梭菌和链球菌，同时还分离到某些毒素。就病变而言，

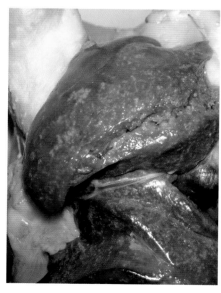

图10-3 局灶性肝坏死。内脏应报废

本病尚无典型的特征，肝脏发生多灶性坏死样病变后，其颜色、大小和形状会有很大的变化，可见灰白或白色的肝脏肉芽肿，或绿色的多灶性坏死。

肠道健康与局灶性肝坏死或细菌性坏死之间似乎存在关联性。在饲养过程中，鸡十二指肠中菌群可能会受到许多因素的影响而发生改变，这些因素包括应激、抗生素治疗、病毒感染、使用生长促进剂等，它们可能会导致肉鸡发生条件致病菌感染，感染的特征为十二指肠中不常见的细菌发生增殖。人们普遍认为，细菌和毒素随后会通过循环系统被转运到肝脏，从而诱发肝实质细胞坏死。

鸡群中个别鸡发生肝炎通常不是个例，因此检查员在进行检查时应判断是否有较高的肝炎发病率。

黄疸（图10-4、图10-5和图10-6）是由高胆红素血症或血液中胆红素水平升高引起的。笔者的实践经验表明，肉鸡的肝脏发生病后更容易引发黄疸。坏死性肝炎会降低肝脏的代谢和排泄胆红素的能力，从而导致未结合的胆红素在血液中积聚。**胆汁淤积性黄疸**也称为阻塞性黄疸，由于发生胆管炎或肠炎，导致胆汁无法进入十二指肠。

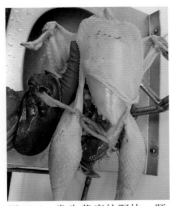

图10-4　发生黄疸的胴体。肝脏肿大、变色

图10-5　发生急性黄疸的肉鸡胴体。注意，由于胆色素的沉积，肝脏周围的脂肪和皮肤呈淡黄色。胴体和内脏均应报废

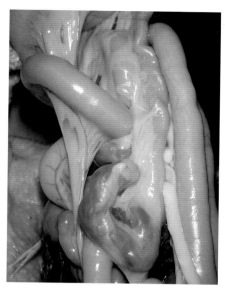

图10-6 发生黄疸的肉鸡肠道脂肪
呈淡黄色。由于血液中的胆红素含
量增加，胆色素在脂肪和其他组织
中沉积。此类胴体及其内脏必须废
弃，不能食用

10.3 责任

肝炎是导致肉鸡胴体部分报废的最常见原因（图10-7）。

检查员需要根据相关病变（如果有的话）、全身性症状和整体
状况对胴体的品质做出判断（图10-8和图10-9）。肝炎并发心包炎
的情况并不罕见（图10-10）。在这种情况下，整只胴体可能需要报
废处理。如发现存在败血症、消瘦、皮炎、气囊炎、腹膜炎或蜂
窝织炎的任何迹象，整只胴体都应报废（图10-11）。

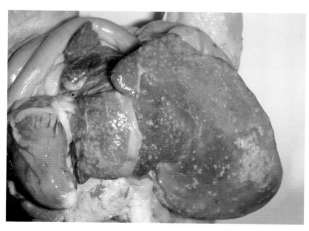

图10-7 肝脏出现
局灶性坏死，未见
其他相关病变。内
脏必须废弃，胴体
的其他部分可供人
类食用

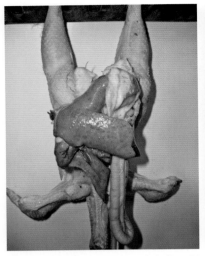

图10-8 肝炎，无其他相关症状。胴体可以供人类食用。注意肝脏肿大，但胴体整体状况良好

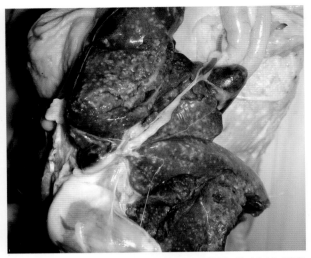

图10-9 肝脏严重坏死。由于胆管系统遭到破坏和肝实质受影响，肝脏呈绿色

图10-10 局灶性肝坏死，伴有急性心包炎。在这种情况下，整只胴体应报废

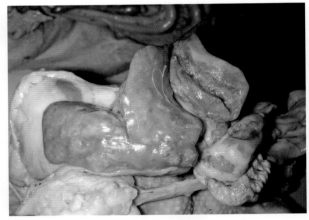

图10-11 严重肝炎，伴有局灶性肝坏死

　　注意整个肝脏广泛的肉芽肿性肝坏死。胴体和相关内脏需要根据症状的严重程度来决定是否报废。

　　在许多场合下，已证实检测到受肝炎严重影响的肉鸡批次，而这些批次中整只肉鸡报废的比例很高，反之亦然。废弃发病的肝脏往往意味着整只胴体的全部内脏都应废弃。

在处理受肝炎严重影响的同批肉鸡时，进行宰后检疫时还要考虑屠宰加工流水线的速度和检查员注意力不集中等情况。在这种情况下，至关重要的是要确保内脏的报废处于可控状态，以保证受疾病影响的肝脏没有进入食品加工环节。食品经营者应制订应急方案，在必要时降低生产流水线的传送速度，检查团队必须确信，在整个检疫过程中该废弃的部分相应地被废弃了。

重要的是，不要将饲喂玉米的肉鸡与患有黄疸的肉鸡相混淆，特别是在检查自由放养的肉鸡时。在检查肝炎和肠炎的任何症状时，要谨记黄疸病例比较少见（图10-12）。

重要的是，要记录所检查批次肉鸡中报废肝脏的百分比，对肉鸡生产者和兽医来说这是非常有价值的信息。这些记录可以用于评估鸡群的健康状况，并且揭示鸡场在生物安全和管理上存在的漏洞（如果有的话）。

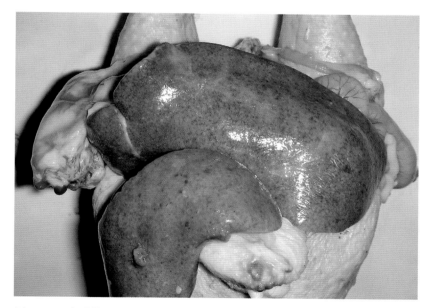

图10-12　肉鸡的胆管肝炎，伴有轻度黄疸

（王晓亮 译，唐彩琰、李红、潘雪男 校）

腹膜炎和肝周炎

11.1 定义

腹膜是衬在盆腔壁、腹腔壁的浆膜。这种坚韧、无色、表面光滑的膜构成了一个双层的囊袋，壁腹膜和脏腹膜之间的空间称为腹膜腔。其中，腹膜腔还包裹着较大的气囊、大部分消化系统（腺胃、肌胃、小肠、大肠、肝脏和胰腺）、泌尿生殖系统（肾、输尿管和卵巢）和脾脏。

• **腹膜炎** 是一种发生在腹膜的炎症，该病的特征是腹膜以及所有腹膜腔内的器官上覆有干燥的干酪样物质或黏液性黄色渗出液（图11-1和图11-2）。

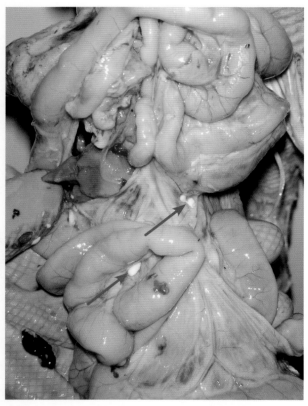

图11-1 位于小肠之间的腹腔腹膜呈化脓性干酪样渗出物形式的腹膜炎。如果未伴发其他相关疾病，这种形式的腹膜炎可能很难被发现。患有此类疾病的胴体和内脏不适合人类食用

•**肝周炎**可以统称为内脏性腹膜炎，其特征是肝脏的脏腹膜表面出现炎症。病变从肝脏外表面附着少量的纤维素性渗出物到附着大量增厚的纤维素性附着物（图11-3、图11-4和图11-5）不等。

腹膜炎和肝周炎在肉鸡的宰后检疫中可能相当普遍。

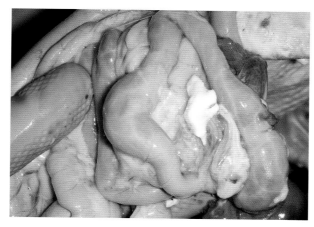

图11-2 干酪样渗出物，提示发生了腹膜炎

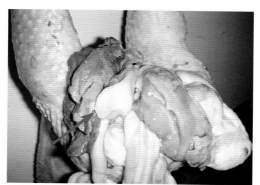

图11-3 肝周炎。注意形成的纤维素性组织

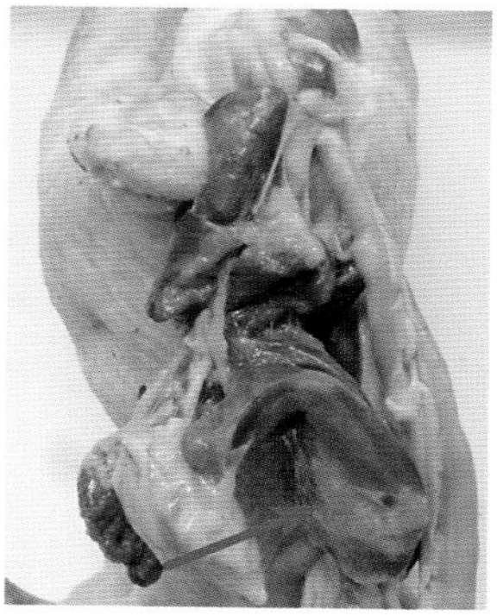

图11-4 典型肝周炎。注意肝外表面的白色纤维素性附着物，以及伴发的严重心包炎。胴体和内脏全部报废

图11-5 严重肝周炎。注意可以从肝脏表面剥离的炎性纤维素性组织

11.2 病因

腹膜炎和肝周炎的发生与生产环境是否存在可降低肉鸡免疫力的因素直接相关（图11-6）。这些因素可能包括病毒感染（如马立克氏病或传染性法氏囊病）、霉菌毒素、肠道寄生虫感染（如艾美耳球虫病）、饲料组成的改变和环境条件的改变（干燥多尘的环境、氨浓度过高或通风不良和温度不当）。

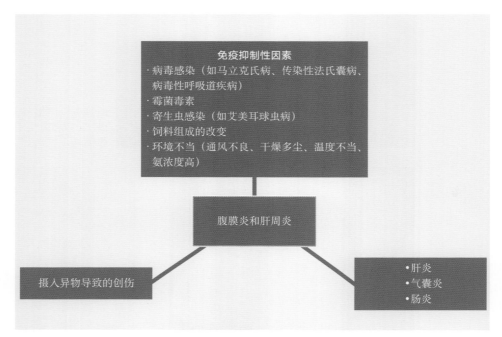

图11-6 会引发肉鸡腹膜炎和肝周炎的发病诱因

腹膜炎可以继发于原有的疾病，例如肝炎或肠炎，也可以继发于因摄入异物造成的创伤。创伤性腹膜炎在环境可控的集约化生产体系中很少见。会影响产蛋母鸡的特定形式的腹膜炎通常被称为卵黄性腹膜炎，这是由输卵管受损，卵黄释放到腹腔内引起的。腹腔中的卵黄为细菌的繁殖提供了丰富的基质，从而引发腹膜炎。

腹膜炎和肝周炎通常都与大肠杆菌感染有关，不过也可能与其他细菌有关，如巴氏杆菌。

11.3 职责

所有患有腹膜炎和肝周炎的胴体及相关内脏均不适合人类食用，应当报废（图11-7、图11-8、图11-9和图11-10）。腹膜炎和肝周炎的存在使得极难判断感染的蔓延程度，且不能安全地对胴体进行修整。因此，最明智的做法是将整只胴体报废处理。

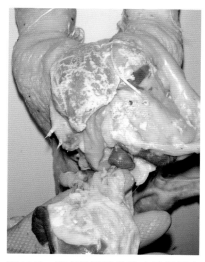

图11-7 伴有黏液脓性渗出的肝周炎和腹膜炎。注意肝表面的纤维蛋白。胴体及其内脏全部报废

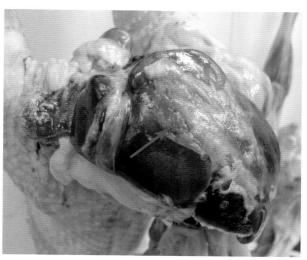

图11-8 肝周炎，肝脏被覆一层干燥的炎性纤维素性附着物。患有此类疾病的胴体和内脏全部报废

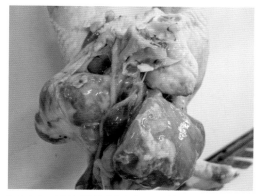

图11-9 黏液脓性肝周炎。胴体及其内脏全部报废

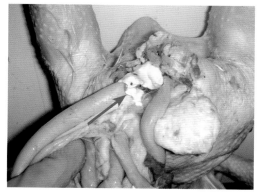

图11-10 干酪样腹膜炎，胴体和内脏不适合人类食用

由于腹膜炎很容易与气囊炎相混淆，因此需要特别注意自动化流水线上的肉鸡胴体。轻微的腹膜炎可能很难被检出，然而，由于发病肝脏的大小会出现异常，因此在宰后检疫中很容易检出肝周炎（图11-11）。不要将肝周炎与肝包膜积液相混淆，肝包膜积液伴有腹水和胴体温度高（图11-12）。

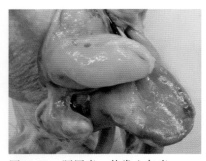 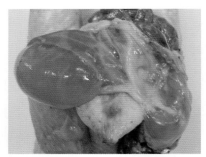

图11-11　肝周炎，伴发心包炎　　　图11-12　肝周炎和肝包膜积液

报告该情况对一线兽医评估鸡群的健康状况非常有用。它有助于确定是否存在由病毒感染（如新城疫或传染性法氏囊病）造成的免疫抑制，以及判断疫苗接种计划的有效性。它还可以帮助兽医团队在分析病因时，关注鸡场或孵化场的潜在卫生问题。

（贾良梁 译，李红、潘雪男 校）

第12章

腹腔积液

12.1 定义

腹腔积液不是病，而是肉鸡腹腔中积聚了远超正常水平的液体（图12-1）。液体的这种积聚通常会影响肉鸡的肝脏（图12-2）和肠腔。

在进行宰后检疫时，检查员很容易鉴别出腹腔积液，因为有此类问题的肉鸡屠体在解剖结构上会出现明显的变化。在对肉鸡的屠体进行整体检查时，可见腹部肿大，且充满液体（图12-3和图12-4），一旦摘取了内脏，这种情况稍后即可得到证实。

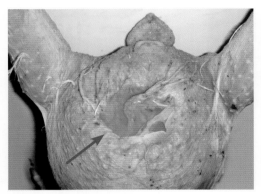

图12-1　屠体开膛后可见腹水

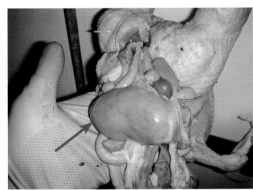

图12-2　肝脏通常呈灰白色，边缘钝圆

图12-3　腹部因积聚大量的液体而肿大。注意腹部挫伤。该胴体及其相关内脏不可供人类食用

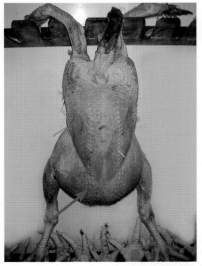

图12-4　腹部因积聚大量的液体而肿大

临床上，发生腹腔积液的肉鸡表现为皮肤发绀，腹部皮肤因外周血管充血而发绀。这些肉鸡可能具有较小的体型，但众所周知，生长速度过快是**腹腔积液的**诱因，大体型肉用公鸡有时比肉用母鸡更易发生。

腹腔积液是造成特定批次肉鸡胴体报废的一个常见原因，通常意味着整只胴体报废。在对肉鸡进行整体检查时，一般会剔除发生腹腔积液的胴体。

12.2 病因

肉鸡通常具有较快的生长速度，并且通过遗传选育，取得了令人惊异的饲料转化率。在宰后检疫中被确认为腹腔积液的肉鸡胴体，大多数是由生长速度过快和鸡场管理不善造成的。

> 肉鸡发生腹腔积液主要是因为生长速度过快需要动用大量氧气的后果。感染性心肌炎、瓣膜性心内膜炎、退行性心肌病或先天性心脏病很少会导致肉鸡发生腹腔积液。产气荚膜梭菌引起的梗阻性胆管肝炎是造成肉鸡肝损伤的常见原因之一，而肝脏损伤可能会引发腹腔积液。

过快的生长速度会使肉鸡需要更多的氧气，从而导致心率加快，在一定程度上会造成肺动脉压过大。这可能会造成右心室肥大、血管功能不全和右心室衰竭。因此，肝脏出现充血、水肿，液体渗入腹腔，从而引发腹腔积液（图12-5和图12-6）。此外，氧气需求量的增加会促进红细胞的生成，增加血液的黏稠度，导致血液循环障碍。

多种因素会导致肉鸡发生腹腔积液，其中最重要的因素是鸡舍内的空气质量或通风换气情况。通风不良不利于鸡舍中氧气的交换。空气中的粉尘和氨气也会刺激肉鸡的肺脏，使肺脏供氧不足。使鸡舍的内环境保持适宜的温度也至关重要，从而可以避免肉鸡消耗过多的能量和氧气来维持体温。所有这些因素如果维护不当，都有可能会导致肉鸡发生腹腔积液。

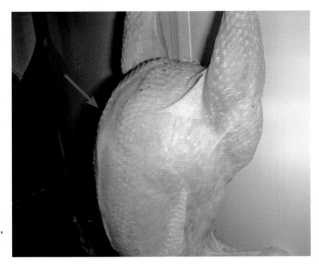

图12-5　未开膛的屠体，
可见腹部充满液体

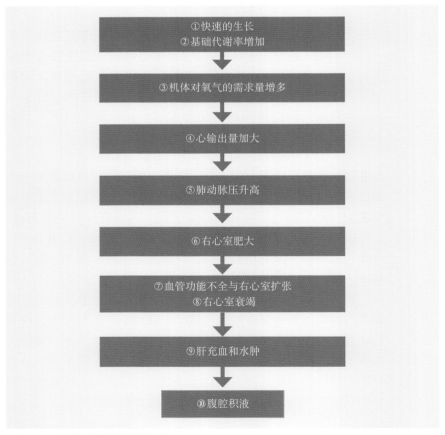

图12-6　腹腔积液的诱发因素

12.3 职责

在大多数情况下，肉鸡的腹腔积液是规模化生产系统中肉鸡快速生长造成的，较高的腹腔积液发病率可能会影响动物福利。腹腔积液还会限制肉鸡的活动，造成采食困难；此外，很容易导致肉鸡受伤，因为其腹部长期与地面接触。腹腔积液是导致肉鸡胴体被拒收的一个常见原因。如果发病率高，鸡场的经济效益会受到很大的损失。如果是轻度的腹腔积液，胴体的总体健康状态尚可接受且无其他病变，摘除内脏后胴体仍可供人类食用。然而，笔者的经验是，在大多数情况下，此类胴体整只报废是最好的选择。

> 发生腹腔积液的肉鸡在屠体摘除内脏前很容易被检验员发现，因为这些屠体的腹部通常会发胀，且很多情况下伴有败血症的症状。只要有可能，在进行开膛摘除内脏前，将这些屠体从加工流水线上取走，以避免污染加工流水线。

如果个别批次肉鸡具有很高的腹腔积液发生率，这可能暗示鸡场存在动物福利问题，应向行业主管部门报告。随后，行业主管部门会调查鸡场的发病史、发生腹腔积液的屠体比例以及可能预示鸡场管理不善或违反相关动物福利法规的其他伤害。

（唐彩琰 译、王晶晶、潘雪男 校）

第13章

败血症和毒血症

13.1 定义

败血症和毒血症是由血液中的病原微生物或它们分泌的毒素引起的全身性感染。受感染肉鸡的胴体皮肤颜色变深,脱水,通常伴有会影响消化系统和呼吸系统内脏器官的全身性病变(图13-1)。

肉鸡发生败血症后胴体会出现以下临床症状:

- 宰后检疫发现肉色明显较深(图13-2);
- 心脏、肝脏、肾脏、肌肉和浆膜有点状出血;
- 肝脏和脾脏肿大、充血;
- 肾脏肿大、充血;
- 皮肤充血;
- 肌肉萎缩。

根据引发败血症的病因和病情持续时间的不同,肉鸡的胴体可能会出现充血、发绀、贫血、脱水和水肿等症状,或多个症状同时出现。重要的是要记住,没有一只鸡胴体会同时出现以上所有症状。

图13-1　败血症,整只胴体皮肤呈红色,并有脱水的迹象

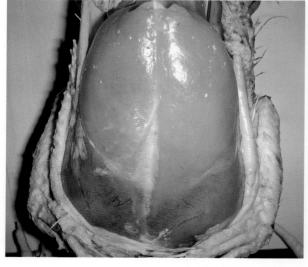

图13-2　发生败血症的肉鸡胴体。注意胸肌颜色较深。胴体及相关的内脏不可供人类食用

13.2 病因

败血症是由血液中的病原微生物引起的一种疾病状态，可造成肉鸡发生全身性病变。这些病变会影响肉鸡的全身而不是局部的组织器官。败血症和毒血症会破坏器官的正常功能，甚至导致多器官衰竭。这种恶化可能会导致肉鸡死亡，耐过的肉鸡也可痊愈，具体取决于发病过程中病原微生物的毒力和机体的免疫反应。机体的免疫反应将通过本章前面列出的一系列临床症状表现出来。

毒血症是由于肉鸡机体吸收了病原微生物产生的毒素引起的，引发的临床症状与败血症的相似，事实上，这两种疾病可以同时存在。

与其他大多数疾病一样，鸡场的不良环境条件可能会促使败血症和毒血症在鸡群中流行。宰后检疫时，病毒或细菌感染以及疫苗接种失败通常是导致胴体体表颜色发生异常的主要原因。鸡群的健康状况与屠宰时败血症胴体的比例直接相关。

13.3 职责

宰后检疫时，肉品检验员无法区分败血症和毒血症。因此，所有受影响的胴体和内脏都需报废，不适合人类食用。

> 需要特别注意的是，胴体呈亮红色可能会被误认为是由败血症造成的。肉鸡的皮肤和羽毛毛囊对温度的变化非常敏感，尤其是在恶劣天气情况下，皮肤会充血。与青年肉鸡相比，大龄肉鸡的皮肤更易充血。这些胴体完全可供人类食用，不应该被误认为是败血症胴体或发生了放血不良。值得注意的是，发生败血症的胴体通常会脱水，触感柔软，一般情况下总体状况较差，但并不总是这样。

尽管在胴体整体检查时可以比较容易地识别出大多数败血症和毒血症病例，鉴别败血症和毒血症仍需要经验和专心致志，（图13-3至图13-6）。检查皮肤的弹性，同时寻找脱水的迹象，可能有助于正确诊断这种情况。

图13-3　败血症胴体（箭头所指）和健康胴体

图13-4　受败血症或毒血症严重影响的一批肉鸡

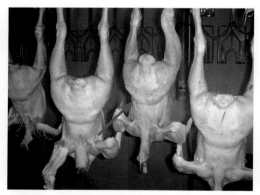

图13-5　在宰后检疫时发现的患败血症的胴体（箭头所指）。注意与其他胴体的颜色差异

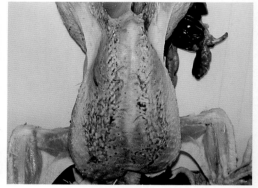

图13-6　败血症，多见于屠宰成批肉鸡时，胴体总体状况较差和皮炎

（唐彩琰 译，王晶晶、潘雪男 校）

第14章

其他疾病

14.1 嗉囊下垂

嗉囊下垂是指由于液体、饲料和异物的积聚，导致嗉囊看起来过度膨胀的一种疾病（图14-1）。

引发肉鸡嗉囊下垂的原因尚不清楚，不过有研究表明，其具有遗传易感性，并且采食或饮水过量或经常改变（不稳定）会导致症状的恶化。日粮嵌塞会阻塞肉鸡的消化道，最终可能会导致饲料和液体在嗉囊中积聚；在日常生产中，嗉囊下垂伴发腺胃和肌胃阻塞并不少见（图14-2）。迷走神经的损伤也被认为是造成肉鸡嗉囊下垂的原因之一。发生嗉囊下垂后，肉鸡可能会因采食能力减弱而变得瘦弱或消瘦。

在宰后检疫时，嗉囊下垂的情况相对较为少见。理想情况下，在对胴体进行加工时，最好在发生嗉囊下垂的胴体进入内脏摘除间前从流水线上取下，以避免发生任何潜在的交叉污染，或导致内脏摘除器的损坏。这类胴体通常需要在兽医或训

图14-1　发生嗉囊下垂的肉鸡胴体。这些胴体在进入内脏摘除间前应从流水线上取下，以避免发生任何潜在的交叉污染，或造成内腔摘除器的损坏。如果未发现其他相关的症状或病变，发生嗉囊下垂的胴体可食用

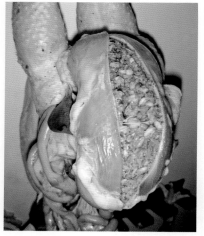

图14-2　胴体腺胃和肌胃阻塞也受嗉囊下垂的影响

练有素的检查员的监督下进行人工修整，如果没有发现其他相关的损伤，修割后的胴体可以被人类食用。全身状态不佳、存在败血症、有异味或消瘦的胴体应予以报废。

14.2 严重出血

在致昏或击晕瞬杀（stun-killing）后，放血是肉鸡屠宰的最后阶段。放血，也称为割断颈动脉，可以用锋利的刀片人工操作，也可以用旋转式割颈器自动进行。切口必须至少切断一条颈动脉或形成颈动脉的血管。如果两条颈动脉同时被切断，放血的速度会更快。

有关国家或地区的法律规定，家禽在致昏或击晕瞬杀后必须立即放血。致昏到放血的时间应尽可能地短。一旦完成割断颈动脉，必须将家禽在屠宰线上吊挂一段时间（欧盟法律规定为90 s），以确保其在进入下一道工序之前已经死亡。

在宰后检疫中可发现严重出血的胴体，特征是皮肤普遍呈樱桃红色，尤其是颈部皮肤，以及由于胴体放血不足导致血管和器官充血（图14-3、图14-4和图14-5）。

图14-3 放血不充分的胴体。胸部肌肉和翅膀充血。胴体及相关内脏不可供人类食用。当采用连续致昏法击晕待宰的肉鸡时，因为在进入烫毛的水浴池前肉鸡的意识可能已经恢复，此时可能会影响动物福利

图14-4 由于放血不充分导致肉鸡的翅膀充血

图14-5 颈部发红表示胴体放血不充分

放血不充分可能是由于割断颈动脉的操作不当或自动割颈器的性能不佳所致。严重出血的胴体需要监控，因为它们可能违反了动物福利相关规定，意味着胴体和内脏不适合人类食用。

14.3 全身性水肿

全身性水肿的特征是胴体皮下积液，这些液体呈胶冻状（图14-6）。这种疾病较罕见，但一旦发生胴体不可供人类食用。本病常与腹膜炎并发，其病因尚不清楚。一些研究认为其与毒素污染或营养不足，特别是维生素E缺乏引起的血管损伤有关。

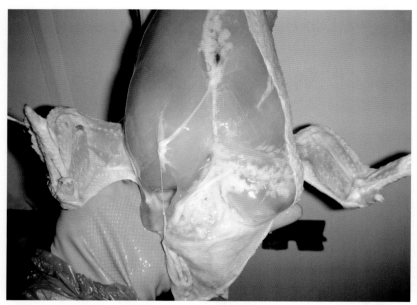

图14-6　肉鸡全身性水肿多见于胸部、翅膀和背部

14.4 营养性肌肉萎缩症或白肌病

营养性肌肉萎缩症或白肌病通常由于机体缺乏矿物质引起，其特征是肌肉呈白色条纹状，胸部肌肉处的症状尤其明显

（图14-7）。多项研究发现，本病发生时机体往往同时缺乏硒和维生素E。机体缺乏含硫氨基酸也会引起本病的发生。这种肌病常见于胸浅肌（superficial pectoral muscle）、外展翼肌，偶尔见于躯体的骨骼肌。发生本病的胴体不可供人类食用。

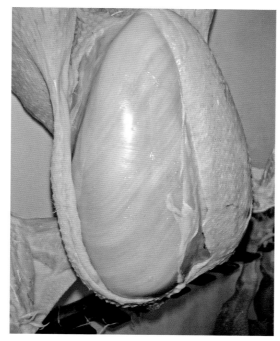

图14-7 肉鸡胴体的疑似白肌病

14.5 腓肠肌腱断裂或绿腿（green leg）

腓肠肌腱断裂在肉鸡的集约化生产中很常见，尤其是在年龄较大的肉鸡和肉用种鸡群中。这种疾病通常被称为绿腿，可能发生于肉鸡的单侧或双侧的腿部（图14-8）。腓肠肌腱位于肉鸡的跗关节后部，由于多种原因可能会发生断裂，导致腿部发生挫伤，同时随着时间的延长，这种挫伤会呈现绿色。由于肌腱在断裂前已发生分离，肌腱和腱鞘常因纤维的增生和其他修复过程而增厚。

这种情况可能是由于肉鸡的体重过大和肌腱发育不良造成的。据认为，快速生长可能会导致肉鸡的肌腱血液供应不足和发生无血管性变性，导致肌腱强度下降。病毒性或细菌性腱鞘炎也会引发肉鸡的腓肠肌腱断裂。

　　发生本病的胴体仍可供人类食用，前提是在确保卫生的情况下修净受影响的部位。食品经营者应制定相应的修割标准，以处理肉鸡的绿腿，尤其是那些加工年龄较大的肉鸡或肉用种鸡的屠宰场。

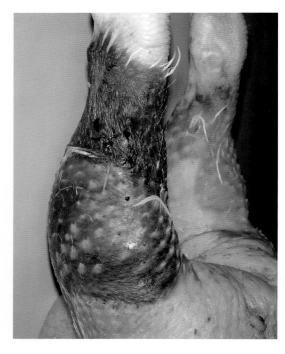

图14-8　肉鸡双侧腓肠肌腱断裂（也称为绿腿）。胴体的剩余部位可供人类食用

14.6 俄勒冈肌病

　　俄勒冈肌病是指家禽胸深肌的非传染性缺血性坏死，又称绿肌病或胸深肌病。本病通常不会引起家禽死亡或出现明显的临床症状，因此常常在家禽被宰杀后才被发现。火鸡的发病率高于肉鸡。

　　俄勒冈肌病是由于家禽的胸深肌，尤其是喙上肌的血液供应减少引起的。遗传因素在本病的发生上可能起到了一定的作用，有研究表明，在一些大体型肉用家禽品种中，受影响的肌肉血液供应量减少。这种情况可以通过致使肌肉剧烈（过度）

运动而重现。因为包裹肌肉的筋膜坚韧刚劲、不易弯曲，肌肉发生少许的肿胀都会造成筋膜供血中断。如果没有足够的血液供应，肌肉组织会发生坏死。

俄勒冈肌病不易在肉鸡宰后检疫中发现，因为病变只影响胸深肌，在分割间对胴体进行深度加工时会被发现。

14.7 胸囊肿

屠宰场在加工采用潮湿或结块的垫料饲养的肉鸡群时通常会发现这些肉鸡患有胸囊肿。胸囊肿的特征为龙骨上方胸肌肿胀并伴有皮肤挫伤和变色（图14-9）。在更多的慢性病例中，皮肤上的炎症组织会被瘢痕组织取代。在此类炎症病例中通常能观察到葡萄球菌感染，但引起的病变呈局部性，无致命性。发病的胴体通常可食用，但通常需要进行相应的修整。整体状况不佳和皮肤大面积受损的胴体不可供人类食用。

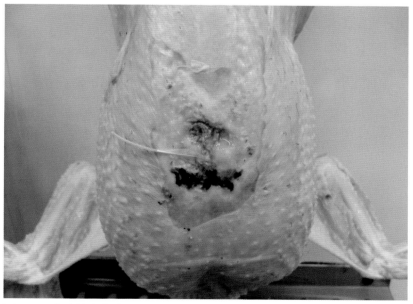

图14-9 肉鸡的胸囊肿

14.8 肠炎

肠炎是指肉鸡的小肠发生炎症。

肠炎的两种众所周知的表现形式是由鹑梭状芽孢杆菌（*Clostridium colinum*）引起的溃疡性肠炎和由产气荚膜梭菌引起的坏死性肠炎。梭状芽孢杆菌对环境有很强的抵抗力，在土壤、尘埃、粪便和健康肉鸡的肠道中也有少量存在。这种细菌只有在大量增殖时才会致病，产生的细胞外毒素会攻击鸡的肠道，造成损伤。这种损伤的严重程度因感染菌株的毒力不同而异，其特征是肠壁增厚，内容物呈深褐色，含有坏死物质（图14-10）。感染肉鸡的肠道可能变脆、胀气（图14-11），可见由细菌产生的毒素引起的肉眼病变。

某些类型的肠炎可能由于过热、寒冷、鸡群密度过大、饲料摄入量不足、球虫病或有毒物质引起。

可根据胴体的整体状况判断肠炎胴体是否报废。当胴体无其他相关疾病或系统性疾病的症状时，在修净部分内脏后可供人类食用。

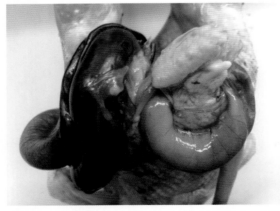

图14-10　肠炎的特征是肠道内容物呈深褐色，可能含有坏死物质或肠壁充血

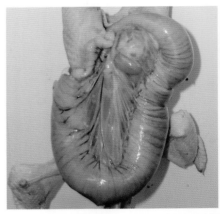

图14-11　肠道胀气，内有水样或泡沫状内容物

14.9 脂肪肝综合征

肉鸡的脂肪肝综合征是指肝脏含有过量的脂肪，偶尔伴有不同程度的出血。这种疾病通常几乎局限于饲喂含高水平能量的日粮的笼养鸡，多发于夏季。发病肉鸡的肝脏往往肿大，呈黄色，易碎，腹腔内有大量脂肪。如果没有过多的体脂，肉鸡发生脂肪肝综合征常被认为与饲料中的霉菌毒素（如黄曲霉毒素）有关（图14-12）。

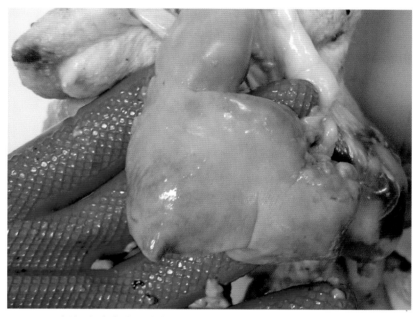

图14-12 疑似肉鸡脂肪肝综合征，可能由霉菌毒素引起。修净部分内脏后可供人类食用

14.10 肿瘤

据分析，在肉鸡的宰后检疫中，最常见的肿瘤是由马立克氏病引起的。然而，对家禽的淋巴肿瘤进行诊断极为复杂，因为多种病因可以导致家禽发生非常相似的肿瘤。肉鸡感染一种

以上禽肿瘤病毒的情况并不少见。马立克氏病是肉鸡的一种具有高度传染性的病毒性肿瘤性疾病，由 α 疱疹病毒（被称为马立克氏病病毒或鸡疱疹病毒2型）引起。该病可能会导致肉鸡发生淋巴肿瘤，影响机体的多个部位，如皮肤、骨骼肌和内脏器官，如卵巢、脾脏（图14-13）、肝脏、肾脏、肺脏、心脏、腺胃和肾上腺。

禽肉瘤白血病病毒也会导致肉鸡发生各种各样的肿瘤，由其引发的淋巴瘤是最常见的肿瘤。该病的另一个特征是由于癌性淋巴细胞浸润导致肝脏肿大。此外，腹部的其他器官和法氏囊也常常会感染禽肉瘤白血病病毒。在宰后检疫中，无法将该病与其他病毒性疾病区分。

血管瘤是由血管先天性过度生长引起的一种良性肿瘤，可能发生在肉鸡的皮肤或内脏器官。血管瘤经常可见出血，受到损伤后引发的症状可能会很严重。

其他肿瘤包括角化棘皮瘤、腺癌和纤维瘤。

• **角化棘皮瘤**，又称**鳞状细胞癌**，是一种起源于皮肤毛囊皮肤肿瘤，在剖检中比较常见。这些肿瘤本质上是多发性的，这意味着其可以出现在禽体的不同部位，但仍是良性的（图14-14和图14-15）。

• **腺癌**是来源于腺体组织或肿瘤细胞在腺体组织中形成可识别的腺体结构的肿瘤。它们通常会影响腹部器官，在大日龄禽中很常见。

• **纤维瘤**可发生于禽的任何结缔组织中，以大日龄禽较常见。

鸡还会发生许多其他类型的肿瘤，但发病率较低。

如果肿瘤出现明显的转移（同一种类的多个肿瘤表明已扩散），或者一个大的肿瘤引起全身性破坏，胴体通常因肿瘤而报废。

报废的幼龄肉鸡胴体表现为全身遍布角化棘皮瘤的症状，伴有大片的连接在一起的病变。当角化棘皮瘤的病变呈局部性或仅有几个小的病变时，可以对胴体进行修整。

图14-13 脾脏肿瘤。胴体的整体状况也较差，全部报废

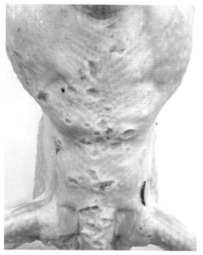

图14-14 影响肉鸡胴体皮肤的角化棘皮瘤。鉴于肿瘤已经扩散，胴体完全不可供人类食用

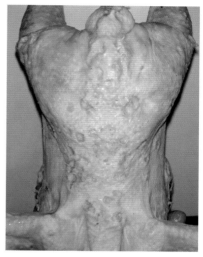

图14-15 全身大范围可见角化棘皮瘤，胴体完全不可供人类食用

（侯浩宾 译，王晶晶、潘雪男 校）

第15章

其他

15.1 供人类食用的鸡爪和内脏

　　供人类食用的鸡爪必须来自在宰后检疫中被证明适合人类食用的肉鸡胴体（图15-1、图15-2和图15-3）。鸡爪本身必须接受检疫，对鸡爪的检疫可以在对整只胴体进行检疫的过程中进行，前提是自动流水线的收集系统应确保在摘除内脏时被淘汰胴体的鸡爪未被收集用于人类消费。另外，鸡爪也可以在后续的预包装阶段进行检疫，条件是任何被淘汰胴体的鸡爪不得混入供人类消费的鸡爪中。

图15-1　供人类食用的鸡爪

图15-2　收集在一起用作人类食品的鸡肝脏。兽医或检查员应经常性检查，以确保收集到的肝脏卫生干净，无明显的受污染迹象

图15-3　鸡胗在被归入人类食品前也需要进行检疫，以确定其表面都已经过彻底的清洁，没有被消化物附着的明显迹象

15.2 加工不当造成的其他报废情况

15.2.1 浸烫过度

浸烫过度的胴体是指胴体在浸烫池中停留的时间过长，导致胴体的体表部分或完全煮熟。这通常是由于屠宰加工的自动化流水线发生故障所致（图15-4），不过可能还有其他原因，如浸烫池的水温设置不当，或自动化流水线的传送速度不当。此类胴体的特征是局部或全部体表煮熟，皮肤感觉黏糊糊的，皮下肌肉的颜色比正常肌肉的更白；在胴体经过脱毛机时，皮肤和肌肉变得更加易碎，且经常发生机械性损伤。

由于胴体在浸烫和脱毛过程中存在交叉污染的风险，以及肉质感官发生变化，过度浸烫的胴体及相关内脏都应从流水线上取走。浸烫轻微过度的胴体可以再利用，但这需要在肉品检查员的监督下，按照相关的修割标准对胴体进行有效的修整。

食品经营者应制订符合官方兽医要求的应急预案，以便在自动化流水线发生故障时能够正确地识别浸烫过度的胴体。

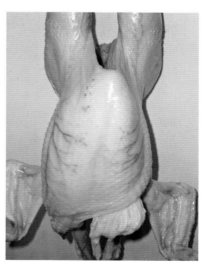

图15-4　由于自动化流水线出现故障导致浸烫过度的胴体，请注意肌肉呈煮熟样，该胴体及相关内脏应整体报废

15.2.2 脱毛不充分

脱毛不充分是一个由屠宰生产条件不佳引发的问题，由于脱

毛效率低下，导致过多的羽毛残留在肉鸡的胴体上（图15-5）。

造成胴体脱毛不充分的最可能的原因是：

- 浸烫池中热水的温度过低。
- 脱毛机的维护不当。
- 脱毛机的设置不合理，与肉鸡个体大小不匹配。
- 屠宰工序的自动化流水产线传送速度不适当。

未脱去的羽毛是造成肉鸡的胴体在自动化流水线稍后工序中受到污染的源头，尤其是在冷却之后，因为一旦胴体完成了冷却，就会被放入箱子或筐中，或被送往分割间进行进一步的加工。因此，羽毛是自动化流水线上所有接触面和其他胴体的污染源。

受污染的胴体无须报废，可以截留并进行再加工，不过这种操作需要立即执行。食品经营者应建立一个可以监控脱毛水准的系统，并确保在需要时可以采取纠正措施。

图15-5　脱毛不充分的胴体。允许此类胴体从自动化流水线上取下后进行再加工，前提是应立即采取行动。羽毛是流水线上所有接触面和其他胴体的污染源，因此需要在胴体冷却前全部脱去。未及时返工脱毛或返工脱毛仍不到位的肉鸡胴体不适合人类食用，应报废

15.2.3 污染

15.2.3.1 定义

污染是指食品中存在有害的化学污染物和微生物。最常见的污染源是动物的粪便、胆汁和化学污染物（机器设备的油污、消毒剂等）。

15.2.3.2 起因

在采用自动化流水线对肉鸡胴体进行加工时，内脏摘除机校准不当可能会导致胴体的消化道被划破，随后肠道内容物溢出，并污染胴体。根据肉鸡个体大小对内脏摘取机进行精准的维护和校正，对于避免发生此类问题极为重要。没有进行日常清洁或维护不当的脱毛机，可能会使胴体受到油污和污垢的污染，也会损害胴体的皮肤，进而污染皮下肌肉（图15-6）。

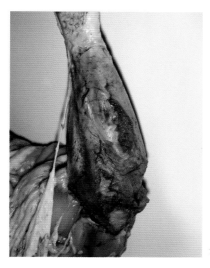

图15-6 无皮肤保护的鸡肉被油污污染，必须修割受到污染的部分

在进行人工摘取胴体的内脏时，很少清洗和消毒的刀具或未充分冲洗清洁的操作人员的手臂和手，都有可能会使胴体受到污染。

肉鸡在屠宰前必须禁食，以降低在加工和摘取内脏的过程中胴体受到粪便污染的风险。不同的研究表明，肉鸡被吊挂在流水线上前禁食8～12h，其胃肠道可以取得最佳的净化效果。因为肉鸡的消化循环通常需要6 h才能完成。禁食时间不足8 h的肉鸡，在宰杀后进行人工或机器自动摘取内脏的过程中，胴体被粪便或消化食糜污染的概率大大提高（图15-7）。同样，禁食时间超过12h的肉鸡，在摘取内脏的过程中胴体也会受到不同程度的污染。这是因为禁食时间过长会导致肉鸡肠道上皮细胞降解，从而导致肠道的机械强度出现松弛。松弛的肠道在摘取过程中很容易被撕裂，导致内容物（不是粪便，而是肠道上皮细胞降解产生的液体）泄漏并黏附在胴体上。此外，宰杀前进行如此长时间的停食停水，肉鸡的体重将会出现不可逆的显著下降。

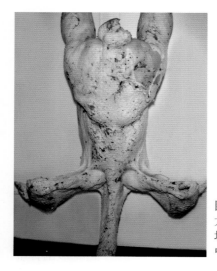

图15-7　胴体的表面受到粪便的大面范围污染，同时部分皮肤损坏，导致皮下的鸡肉暴露在环境中，整只胴体报废

15.2.3.3 职责

受到了污染但在某种程度上无法有效检查的胴体需要报废。例如，被胆汁或肉鸡粪便污染的胴体，检查员无法确定胴体是否卫生。

操作不当掉入开放式污水管或内脏承接槽的胴体也被归入污染胴体的种类，也应报废（图15-8）。由于无法确定污染的程度，此类胴体不可供人类食用。这些被污染的胴体是由于未根据肉鸡胴体的个体大小对流水线上有关机器做出合理的校正或正确的维护造成的。检查员的职责包括报告在加工过程中因受到污染而报废的任何异常数量的胴体，因为对食品经营者来说，这可为其维护产品品质、控制产品质量提供有价值的信息。

胴体上被胆汁染色的任何部位或内脏都应该修割掉。胴体上被脱毛机撕破皮肤的部位，其皮下的鸡肉都应被视为受到了污染，并应从胴体上修割掉（图15-9）。宰后检疫后被污染的鸡肉禁止上市供人类食用。

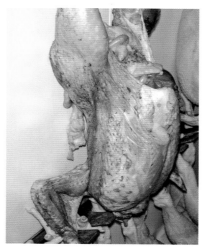

图15-9 在脱毛机工作过程中，由于操作不当导致胴体的皮肤受到大面积的污染。这种情况通常发生在脱毛机空运几分钟时，导致整只胴体报废

图15-8 胴体可能会掉入内脏摘取间的工作机器中，从而受到污染，偶尔会堵塞机器的出口

食品经营者要确保，胴体在进行冷却之前应避免发生任何形式的污染（图15-10）。此后检测到任何污染都需要按照修割标准并在兽医或专业检查员的监督下进行胴体修整。记录并报告此类污染是极为重要的，据此可以确定会影响相关车间的污染程度，评估肉品检疫的必要性，解决潜在的机器维护或操作问题，保障最终产品的安全卫生。

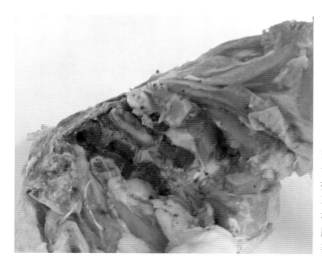

图15-10 注意由于在加工过程中摘取内脏时操作不当或内脏摘取机损坏，胴体腹股沟区域受到了粪便污染

如果肉鸡的胴体受到了高水平的污染，检查员或兽医应特别注意以下几个因素（图15-11）。由于无法同时按照不同肉鸡的个体大小校正流水线上的机器，可能会增加非常规批次肉鸡（个体不均匀的肉鸡）宰杀后胴体受到污染的风险。在加工一批非常规批次的肉鸡时，食品经营者应采取相应的修正措施，以避免任何污染物进入冷却设备，这通常会增加人力，降低流水线的速度。

图15-11　在胴体受到高水平污染时，兽医和检查员需要考虑的因素

15.2.4 机器性损坏和挫伤

15.2.4.1 定义

本章将介绍胴体在屠宰场进行加工前和加工过程中所有的物理变化。

挫伤是组织中的毛细血管或小静脉由创伤导致损坏后引发的一种血肿，导致血液渗入周围的间质组织。

一般来说，机器性损坏的胴体是指在屠宰加工过程中由机器造成胴体发了生物理变化（图15-12）。

脱臼通常是由关节中的骨骼移位或错位造成的，但在骨骼连续性遭到破坏时会发生骨折。在加工过程中机器操作不当或故障也可能会导致脱臼和骨折。

必须区分胴体的损伤是在加工过程中造成的还是肉鸡存活时就已发生的。最常见的受伤有挫伤、断翅和折翅。

15.2.4.2 起因

肉鸡身上的挫伤在其还活着时由皮下出血造成的（图15-13）。大多数挫伤都是无菌的，也不携带细菌，除非存在与挫伤相关的刺穿、划伤或撕裂。挫伤的颜色变化取决于其所处的发展阶段。由于皮下和深层组织中存在渗出的血液，因此新发生

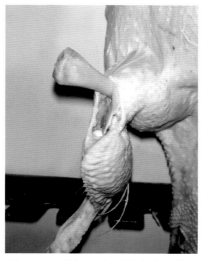 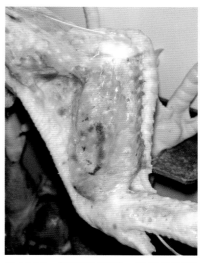

图15-12 断翅是宰后检疫中最常见的胴体受伤案例

图15-13 挫伤的翅膀，亮红色表明新鲜的挫伤，皮下有渗出的血液

的挫伤呈红色。随着血液被机体重新吸收和分解，早先发生的挫伤转为黑色或青色。早先的挫伤会先变为绿色，然后转为黄色，最后会褪去颜色。随着血液的分解，血液中的色素会发生一系列的变化。血液色素无毒，也不存在食品安全隐患。

　　肉鸡达上市日龄时，养鸡场工人会用抓捕器在鸡舍中抓捕肉鸡，随后装入鸡笼并运往屠宰加工场。在这些过程中，由于管理不善或操作人员的专业培训不足，肉鸡可能会出现挫伤和骨折（图15-14）。最常见的损伤部位是胸、翅膀和腿（图15-15）。红色翅尖的发生与吊挂时翅膀拍打的严重性和范围有关。此外，肉鸡致昏前剧烈地拍打翅膀还会促进胸肌的糖酵解，从而降低胸肉的品质。

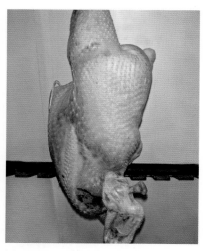

图15-14　胴体上大范围的新鲜挫伤，诱因可能是肉鸡在抓捕或运输的过程中血管破裂，导致大量血液在皮下扩散。脱毛过程可能会加剧血液的扩散，此类胴体必须彻底报废

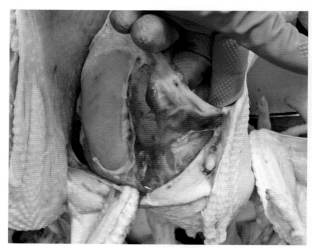

图15-15　结缔组织增生，影响胴体的胸部肌肉。这种症状被认为是由于胸肌的快速生长和胸部与地面长时间接触造成的。修净增生的结缔组织后肌肉看起来很干净，无挫伤。这种症状和抓捕或吊挂期间造成的挫伤不可混淆，一旦进行了相关的修整，胴体可上市供人类食用

15.2.4.3 职责

宰后检疫时，对肉鸡胴体上发生骨折的部位，应按以下要求进行处理：

• 如果骨折与挫伤有关，应修割掉发生骨折的部位和挫伤组织，并废弃。如果腿和/或翅膀发生骨折，从受影响区域外的第一个关节（或多个关节）处切开，修割掉受到影响的组织（图15-16）。如果仅髋关节脱臼，无挫伤，则无需对胴体进行修整。

图15-16　胸肌和翅膀因脱毛机发生故障而受到严重的损伤，但可保留鸡腿供人类食用

• 如果骨折受伤的组织比较复杂，即穿透皮肤，骨折部位和周围的组织必须都清理干净，并按以上介绍的要求废弃。

• 如果骨折受伤的组织很简单，无挫伤或皮肤穿刺伤，受影响的部分可采用人工或机械方式除去，以进行修整。在某些情况下，可以通过修割掉骨折部位受影响部分来挽救胴体剩余部分（图15-17）。比如，对于胴体胫骨远端的简单骨折，可通过在骨折近端的修割来完成胴体剩余部分的挽救。在这种情况下，受影响的部位必须修割整齐，以便在批准胴体剩余部位上市前达到检查员的要求。

在无法对骨折部位进行修整的情况下，如受到了严重的毁坏，胴体应报废处理。

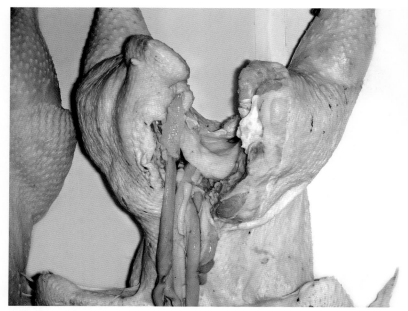

图15-17　骨盆损伤，此类胴体的其他部位可以供人类食用

挫伤和骨折会严重影响动物福利，降低胴体的等级和屠宰率。

毫无疑问，抓捕、装载、运输、卸载和吊挂都可能会给肉鸡造成痛苦、应激和受伤。损伤率和损伤类型取决于许多因素。人工操作已被认为是造成肉鸡伤害和应激的最有可能性的因素。

检查员和兽医应随时报告对肉鸡造成的任何不必要的痛苦。

15.2.5　掉落在地上的鸡肉

从自动化流水线上落到地上的胴体可由兽医和检查员自行决定处理方案。

对掉落在地上的胴体或组织器官，应按照HACCP系统的相关标准进行卫生处理。立即捡起掉在地上的胴体或组织器官，以避免存在交叉污染的风险。用高效且卫生的方式清洗和（或）修整胴体，以去除所有肉眼可见的污染物。在充分去除可见污染物后，胴体和组织器官必须用水彻底冲洗。如果抢救从地上捡起的胴体或组织器官是不切实际的，则需要考虑报废。是否抢救掉在地上的胴体和组织器官，主要取决于承接掉落胴体或组织器官的地面的清洁度和掉落在地面上的时间。

应该记录胴体掉落的地方和掉落的频率，因为对检查员和食品经营者而言这是非常有价值的信息。在这些经常发生胴体掉落、可能会影响终产品卫生安全的地方，需要采取纠正措施，避免胴体掉落再次发生。

（何晓芳 译、李红、潘雪男 校）

参考文献

图书在版编目（CIP）数据

鸡的肉品检验检疫指导图谱／（英）安东尼奥·拉勒·莫雷诺著；潘雪男，王晶晶主译. —北京：中国农业出版社，2022.9

书名原文: Broiler Meat Inspection

ISBN 978-7-109-29865-1

Ⅰ.①鸡…　Ⅱ.①安…②潘…③王…　Ⅲ.①鸡肉—食品检验—图谱　Ⅳ.①TS251.5-64

中国版本图书馆CIP数据核字（2022）第152632号

Broiler meat inspection

copyright© 2015 Grupo Asís Biomedia, S.L.

First printing: July 2015

ISBN: 978-84-16315-28-4

合同登记号：图字01-2018-6643

JI DE ROUPIN JIANYAN JIANYI ZHIDAO TUPU

中国农业出版社出版

地址：北京市朝阳区麦子店街18号楼

邮编：100125

责任编辑：刘　伟

版式设计：杜　然　　责任校对：吴丽婷　　责任印制：王　宏

印刷：北京通州皇家印刷厂

版次：2022年9月第1版

印次：2022年9月北京第1次印刷

发行：新华书店北京发行所

开本：700mm×1000mm　1/16

印张：7.25

字数：160千字

定价：120.00元